身为人母

母亲的爱影响孩子的未来

［英］特丽·阿普特 著
(Terri Apter)
高宏 译

Difficult
Mothers

Understanding and
Overcoming Their Power

通过对人类依恋和大脑发育的最新研究，作者展示了五种类型的难相处的母亲——愤怒型母亲、控制型母亲、自恋型母亲、嫉妒型母亲和情感缺席型母亲，并揭示了每种类型母亲的行为模式。作者解释了为什么母亲会对我们产生如此强烈的影响，为什么我们会持续关注母亲的反应。作者还展示了如何进行"情感审计"，以应对难相处的母亲所带来的关系困境。本书承认难相处的母亲的子女所面临的挑战，但也赞扬了他们的复原力。本书搭建了一个框架，旨在帮助我们理解为何人生中最重要的关系之一有时会出错，以及为何这种困境的影响会久久不散。本书应用心理学为我们揭开了过往困境如何持续影响当下生活的神秘面纱，并且为我们提供了重塑应对策略、增强复原力的有力工具。

Difficult Mothers: Understanding and Overcoming Their Power by Terri Apter
Copyright © 2012 BY Terri Apter
This edition arranged with JANE ROTROSEN AGENCY LLC
through BIG APPLE AGENCY, LABUAN, MALAYSIA.
Simplified Chinese edition copyright © 2025 China Machine Press Co., Ltd
All rights reserved.

本书中文简体字版由 Terri Apter 授权机械工业出版社在中国大陆地区（不包括香港、澳门特别行政区及台湾地区）独家出版发行。未经出版者书面许可，不得以任何方式抄袭、复制或节录本书中的任何部分。

北京市版权局著作权合同登记　图字：01-2025-0396号。

图书在版编目（CIP）数据

身为人母：母亲的爱影响孩子的未来 /（英）特丽·阿普特（Terri Apter）著；高宏译. -- 北京：机械工业出版社，2025.5. -- ISBN 978-7-111-78148-6
Ⅰ. B844.5-49
中国国家版本馆CIP数据核字第2025EA8518号

机械工业出版社（北京市百万庄大街22号　邮政编码100037）
策划编辑：坚喜斌　　　　责任编辑：坚喜斌　章承林
责任校对：潘　蕊　李　杉　责任印制：任维东
唐山楠萍印务有限公司印刷
2025年5月第1版第1次印刷
145mm×210mm·8印张·1插页·138千字
标准书号：ISBN 978-7-111-78148-6
定价：59.00元

电话服务	网络服务
客服电话：010-88361066	机 工 官 网：www.cmpbook.com
010-88379833	机 工 官 博：weibo.com/cmp1952
010-68326294	金　书　网：www.golden-book.com
封底无防伪标均为盗版	机工教育服务网：www.cmpedu.com

前　言
PREFACE

它悄无声息地降临。我望向办公室窗外，期待着那些私密而美好的瞬间，回忆与长久的沉思将白日的纷扰一扫而空。然而，我却突然因想起母亲愤怒的气息而打了个寒战，那节奏竟与我的心跳共鸣。我原本在享受着大学校园里绚烂的景色，享受着工作日午后难得的宁静，却被一场突如其来的指责与嘲笑的风暴打断。我的母亲已离世多年，在这段时间里，我拥有了自己的家庭，在成年后的职业生涯中也大多面对着愉快的挑战，但母亲那挑剔、多疑、探查的身影却始终如影随形。

我认为自己不仅是那段充满了困惑与矛盾的艰难关系的幸存者，更是从中汲取了某些益处的人。

在撰写此书的过程中，我发现，许多人从与母亲艰难的相处中培养出了宽容、圆通、同情和耐心等品质；但对许多人来说，母亲的影响却是毁灭性的。他们始终将自己视为那个无法从生命中最重要的人那里获得安慰的孩子。爱、依恋与亲密和束缚、羞辱与绝望的危险共存。尽管这些过去的经历可能蕴藏着创造力，可能成为我们的能量、想象力和智慧的源泉，但它们也让我们感到困惑、愤怒和迷茫。本书搭建了一个框架，旨在帮助我们理解为何人生中最重要的关系之一有时会出错，以及为何这种困境的影响会久久不散。本书应用心理学为我们揭开了过往困境如何持续影响当下生活的神秘面纱，并且为我们提供了重塑应对策略、增强复原力的有力工具。

本书源于我为《今日心理学》(*Psychology Today*)撰写的一篇文章，在这篇文章中，我概括性地描绘了拥有难相处的母亲这一非常经历的典型模式。随后，信件和电子邮件如潮水般向我涌来，这令我感到十分震惊。我本以为自己只是在描述几个特例，但很快我就意识到，这个主题引起了广泛的共鸣。从青春期到青年早期，再到中年乃至老年，男女老少纷纷表示，他们现在开始能够理解自己与母亲之间那复杂的关系了。他们如释重负，因为意识到"并非只有他们如此"，错误也"不全在他们"。他们觉得自己从长久的羞耻感中解脱了出来。对我而言，能够最终写下这个多年来一直萦绕于心却自以为鲜有人关注的话题，也是一种解脱和快乐。

当然，并非所有的反馈都是积极的。一位老朋友兼尊敬的同事告诉我，虽然她觉得这篇文章在她的临床实践中很有用，但她对这个话题持谨慎态度。

"谈论难相处的母亲是危险的，"她解释道，"人们总是把一切都归咎于母亲。如果你只关注难相处的母亲，就会忽略母亲的视角。"

任何想要涉足难相处的母亲这一热门话题的人都应该明智地听取我这位杰出同事的警告。"难相处的母亲"这一话题极为敏感。

第一，它可能会撼动那些育儿模式赖以建立的"母爱"理想，这些理想在心理学、社会学以及政治学领域中都占据着重要地位。面对这个话题时，人们常常感到不安，一些常见的说法便脱口而出，以试图缓解这种不安："你只有一个妈妈""她已经尽力了""你知道她爱你"。这些话掩盖了这个令人不安的话题，它们传递的信息是："你应该关注这段关系中的美好之处""你不能公开挑战母爱这一理想"。换句话说，与其去表达那些困扰你的矛盾情感，不如顺从难相处的母亲所带来的关系困境。针对这一点，我认为我们应当抵抗那种否认复杂与不愉快的想法及情感的文化压力。这种抵抗不仅是心理学家的一项基本任务，也是每一个渴望内心完整的人应该做的。

第二，任何关于难相处的母亲的表述，都可能被误解为对所有母亲的一种贬低。这种反对意见其实和第一种反对意见是一回事。任何被理想化的东西都面临着被贬低或妖魔化的风险。当母亲被理想化时，真实的母亲就可能显得像个"坏母亲"。理想中的母亲总是充满耐心、充满爱意、反应灵敏。她完美地适应他人的需求，对自己的需求则漠不关心。那么，"难相处的母亲"是否就是指那些没有达到某种不切实际的理想标准的母亲呢？

　　答案是否定的。的确，我着重指出，母亲在孩子婴儿期及整个成长过程中的反应能力至关重要，但足够的反应能力与完美的反应能力截然不同。毕竟，孩子们已经进化到能够在父母拥有正常范围内的粗糙棱角、局限性和不完美的情况下，依然茁壮成长。我不用"好妈妈""坏妈妈"这两个词，而是会用"足够好"的母亲这一说法。事实上，孩子需要体验母亲的怪癖、个性和"自私"的需求。孩子会觉得"完美"的母亲"太好了"，但"完美"的母亲却无法给予那种由拥有自身需求和兴趣、注意力会转移且时有减退、情绪起伏不定、情感富有独特节奏与特点的人带来的粗犷而直接的爱的体验与被爱的感受。一个"足够好"的母亲必然不是一个"完美"的母亲，"足够好"的母亲会向孩子展现自己丰富的人性。

　　"难相处的母亲"之所以是一个危险话题，第三个原因是，它似乎从客观上为子女对母亲的批评提供了正当理由。临床心理学家经常听到子女们对母亲的各种埋怨，这些埋怨在长时间的累积下，往往会逐渐勾勒出一个充满报复心理、情绪低落、满怀敌意或冷漠无情的母亲形象。然而，如果他们碰巧见到这位母亲，若要寻找患者精心描绘的那幅肖像的活生生原型只会徒劳。他们所见到的可能是一个与患者描述截然不同的人。她可能心思细腻、沉默寡言，却愿意敞开自己，且反应灵敏，而非抑郁。她也可能看起来愉悦而沉静。朱瑟琳·乔塞尔森（Ruthellen Josselson）曾描述过自己的一种习惯，那就是当心理治疗师在介绍案例，将患者描述为拥有一位愤怒、控制欲旺盛、自恋、嫉妒或是情感上缺席的母亲时，她会"暴躁"地向他们提出质疑。"你真正想表达的是，"她纠正说，"患者感受到的，是母亲难以相处。"

我所描述的就是这些强有力的感受。子女与母亲之间的互动方式，以及他们感知母亲的方式，可能与他人更为客观的叙述之间存在着显著的差异。感受不会因为主观而不真实，也不会因为主观而不引人入胜。

探讨"难相处的母亲"这一话题的第四个危险在于，它似乎会在已经层出不穷的关于如何成为一名好母亲的指导建议清单上再增添新的内容。在过去的一个世纪里，母亲们不断受到专家们对其育儿行为的各种意见的轰炸。一本关于难相处的母亲的书很可能会进一步提醒母亲们，如果她们不按照特定的指导原则来做母亲,就可能会对孩子造成伤害。

这本书并非旨在提供一份行动指南,告诉你应该如何做、不应该如何做。相反,它聚焦于两个人之间影响一生的关系,并阐述了为何有些人(大约占百分之二十)会觉得与母亲相处困难。他们所面临的具体境遇和个人经历因人而异,难以一概而论。有些孩子天生就像顽强的蒲公英,能在恶劣的环境中茁壮成长;而有些孩子则像兰花一样,因其特殊的敏感性而显得格外脆弱。"难相处的母亲"并非一个简单明了的定义,这个词可以被视为我对其他表述的一种简称,比如"难相处的关系"或"难相处的人际环境"。在此背景下,我提出了这样的问题:"一个母亲的持续批评、怨恨、忽视、固执或情绪多变是如何塑造一些孩子的心智和情感的?",以及"健康的冲突和烦躁情绪与那些扭曲并束缚整个关系的棘手的冲突和紧张模式之间的关键区别是什么?"。我描述了"关键经验"或事件以及言语和行为是如何为子女的人际世界构建内在模型的。

讨论难相处的母亲之所以危险,原因还在于它可能会被误解为支持这样一种谬见:孩子的幸福完全取决于母亲。毕竟,为何我偏偏聚焦于母亲?父亲难道没有同等的责任吗?祖父母、兄弟姐妹、朋友、邻居、老师……他们不都有可能与孩子互动并影响孩子吗?我的回答是:"当然。"母亲并非人类获取理解和支持的唯一渠道，但无论是从天性使然还是文化影响的角度讲，母亲都扮演着举足轻重的角色。虽然我们是在多种多样的经历和关系中逐渐成长起来的，但我们往往会依赖并反思这段主要关系所带来的满足与挫败。我们很少会不在意母亲对我们的看法以及她对我们的回应。然而，鉴于父亲的角色往往同样重要，我有时会使用"父母"这一词汇来暗示，那些在母亲身上更可能遇到的问题，同样也可能适用于难以相处的父亲。

对于大多数父母和孩子来说，他们之间归属感的体验总是充满了起起落落与种种变化。但无论有什么小问题、小摩擦和小冲突，这段关系大体上都是令人欣慰和具有支持性的。然而，如果在一段关系中承受的痛苦多于舒适和快乐，又会是什么感觉呢？倘若一段至关重要的依恋关系充满了困惑与不安，以至于我们在接纳它的同时，不得不承受接连不断的批评、嘲笑、苛求、侵扰或愤怒，那将会是怎样的结果呢？假如我们的日常言语与行为常常被曲解，又会是怎样一番境地？倘若我们必须对自己失去信任，不顾自己的意愿，或是不断压抑自己的思想与行为，才能换得大多数人视为理所当然的关系，这又将是一幅怎样的画面呢？因此，必须将"难相处的母亲"这个词置于这些背景下才能理解它。

我心中的读者群体包括所有年龄段的成年人，他们很想理解自己的经历。有些人可能对很久以前的经历感到困惑；有些人可能正在与持续的困难做斗争；有的读者身为父母，正努力理解孩子那令人费解的痛苦；有的读者则是治疗师或临床医生，力求完善对焦虑型依恋的概念框架；还有的读者可能正站在成年的门槛上，寻觅着恰当的词汇，以描绘自己尚且稚嫩的情感世界。许多寻求理解的人可能在生活的许多方面都表现出色，却因这段难相处的关系留下的持久影响而感到束缚和困惑。在一个要么将母亲神圣化、要么将其妖魔化的文化中，他们可能也被噤声，而这种文化几乎没有为那种爱与愤怒和愤慨交织在一起的复杂情感留下空间。那些既感到委屈又感到困惑的男性和女性共同的迫切愿望是表达、理解和管理他们矛盾情感中的困惑和沮丧。

在第一章"难相处的母亲：常见模式"中，我揭示了这种棘手关系所蕴含的核心情感困境。紧接着，我描述了难相处的关系所涵盖的几大类别。在第二章"母性力量背后的科学"中，我探讨了发展心理学和神经科学领域的最新研究成果，这些研究解释了为何母亲的角色在我们的情感构成中依然占据核心地位。

在接下来的五章中，我将逐一描述不同的难相处的模式。第三章"愤怒型母亲"探讨了母亲情绪波动的影响,以及我们如何应对她不可预测且激烈的情绪所带来的后果。第四章"控制型母亲"则聚焦于母亲过度干涉与固执己见的影响,以及人们为摆脱此类束缚而采取的常见适应策略。第五章"自恋型母亲"则描述了一个孩子面对需要维护母亲夸大的形象时所面临的困扰。第六章"嫉妒型母亲"探讨了当孩子取得的成功似乎激怒了母亲时,孩子所面临的艰难处境。第七章"情感缺席型母亲"深入探讨了母亲的情感忽视(通常由抑郁引起)所带来的悲剧性影响。这些章节的末尾均附有建议,指导你如何进行个人的"情感审视"。这一审视为你提供了实用的工具,帮助你审视与母亲之间的难相处的关系如何持续影响着你。审视中包含的练习将帮助你识别出为适应难相处的关系而可能发展出的防御机制与能力,并指出重塑你的反应与期望的策略。

在第八章"我是否是一位难相处的母亲"中,我着重阐述了在这种核心关系中,正常的紧张和失望与难相处的母亲所带来的残酷且令人困惑的矛盾之间的本质差异。在最后一章"复原力:克服难相处的母亲的影响力"中,我展示了理解的质量、连贯性与深度如何影响我们管理和克服难相处的母亲所带来的影响力的能力。

本书借鉴了大量研究(包括我本人及他人的研究),涵盖了数十年间对母亲与婴儿的观察、临床案例史、发展理论以及人类依恋科学的新发现。我参考了自己在幼儿发展、母亲与青少年、成年早期以及中年过渡期等领域的研究成果。案例史则基于对不同年龄段（从十七岁至六十七岁）男女的访谈。作为访谈者，我深入探索了他们讲述的关于自身经历的故事，研究了这些故事如何被赋予意义，以及这些意义又是如何塑造他们的自我意识与对他人的期望的。随后，我对访谈记录进行了主题分析，并从中提炼出了不同独特经历中的共通模式。通过参考经过验证的心理发展理论以及与早期依恋的持久影响相关的理论，我进一步深化了对这些访谈内容的解读。

在过去十五年间，我开展了一系列访谈，共访谈了一百七十六名年轻人和成年男女，重点关注他们作为子女的成长经历。在这一百七十六名受访者中，大约有百分之二十（共计三十五人，包括十九名女性和十六名男性）的人讲述了母亲的行为所引发和维持的难相处的关系环境。这些参与者来自不同的种族和民族群体，分别来自美国和英国两个国家。由于我并未试图对整个人群进行概括，因此通常不指明参与者的种族或民族背景。不过，我记录了被访谈者的年龄，因为随着我们自身的成长与变化，对母亲及其对我们生活的影响的看法也会发生变化。

目前，我们尚无法确定这些发现能在多大程度上反映普通人群的情况，同时也没有对难相处的母亲的独特经历所带来的伤害程度或个体的恢复能力进行量化评估。这项定性研究的宗旨并非统计有多少人拥有难相处的母亲，而是致力于深入理解那些面临难相处的母亲困境的人们，并探寻出能够帮助他们及其他人更好地理解自身经历的共通模式。

这一方法基于我的这一信念：人是在与他人的关系中生活和发展的。从宽泛的意义上讲，我们最早的照顾者（通常是母亲）对我们的照料、依恋和关注，有助于我们形成自我意识，培养反思自身情绪以及理解他人对我们的反应的能力。当我们在很长一段时间内难以展现真实的自我，并且感受不到被他人理解的温暖时，我们可能会通过重塑自我、压抑自身需求等方式来寻求尽可能多的慰藉。为了克服这一难题，我们必须深入理解并重新界定相关概念。而我的读者将会评判这本书是否提供了一个切实可行的工作模型。

目 录

前 言

第一章　难相处的母亲：常见模式　/001
　　难相处的母亲各有各的难相处之处　/003
　　难相处的母亲的瞬间写照　/006
　　两难抉择　/009
　　原生体验　/011
　　五种常见的困境模式　/015

第二章　母性力量背后的科学　/025
　　年轻的大脑　/025
　　学习与爱　/027
　　母爱之焦点与调情　/029
　　爱的参照点　/030
　　深入剖析难相处的母亲的瞬间写照　/032
　　心理化　/037
　　心理化与情绪智力　/039
　　映照　/042
　　理解的意义　/045

第三章 愤怒型母亲 /048

01 愤怒的力量 /048
制造两难境地 /052
爱与排斥：经典的双重束缚 /053
棘手的日常 /055

02 恐惧的科学原理 /058
大脑的情绪管理学习之道 /060
压力环境对情绪管理的阻碍 /062
亲历父母的愤怒 /063
孩子如何管理恐惧 /065

03 愤怒的深远影响 /070
情绪、记忆与恐惧的影响 /071
审视父母愤怒的影响 /074
为何理解很重要 /083

第四章　控制型母亲　/084

用恐惧来管控　/086

轻蔑式控制　/088

两难抉择：发声还是逃离　/089

谁是我的故事的主宰者　/092

以纠缠作为控制手段　/095

控制文化下的育儿模式　/098

审视我们的关系及其影响　/101

第五章　自恋型母亲　/105

大自我还是脆弱自我　/107

安抚自恋型母亲　/110

纵容自恋者　/112

孩子成为父母自恋的替代品　/113

喜悦与绝望的交织　/115

不同的孩子，不同的角色，不同的影响　/116

叛逆与决断　/120

自恋的混乱本质　/121

审视自恋型父母的影响　/124

借审视之光，重塑自我之旅　/127

第六章　嫉妒型母亲　/130

嫉妒的双重束缚　/131

我不想让你拥有我无法拥有的东西　/134

反弹效应	/136
差异即危险	/138
逃离之路，荆棘满布	/141
母性嫉妒：一部文化史	/144
审视父母嫉妒的影响	/146

第七章　情感缺席型母亲　/152

"在场"与"死亡"	/156
抑郁	/159
产后抑郁及其对孩子的影响	/161
模仿抑郁的母亲	/165
抑郁的隔离	/166
减少伤害	/167
修复一切	/168
持久的影响	/170
不同的孩子，不同的反应	/173
审视情感缺席型母亲带来的影响	/176

第八章　我是否是一位难相处的母亲　/183

难当的母亲	/183
是难相处的母亲还是真实的母亲	/185
关键差异：洞察与无知	/190
维持缺乏洞察力状态的常见策略	/191
难相处的母亲与其童年经历	/195

爱的重复模式 /198
幽灵般的记忆 /200
"难相处的母亲不会学习"这一观点是错误的 /203
自我审视指南 /204
审视你的防御机制 /206

第九章 复原力：克服难相处的母亲的影响力 /212

内心的悖论 /212
试图理解 /216
克服难相处的母亲遗留的影响力 /218
故事的力量 /219
相对的康复 /225
继续进行情感审视 /229

致 谢 /234

第一章
难相处的母亲：常见模式

"谁的妈妈最难相处？"

我向一群女孩抛出了这个问题。她们先是互相交换了一个眼神，接着爆发出阵阵清脆的笑声，随后纷纷兴奋地高举双手，争先恐后地诉说着自己母亲的"难搞"之处。几个十三四岁的女孩在座位上雀跃不已，仿佛等待已久，迫不及待地想要一吐为快。克拉拉抱怨道："我妈妈总是把我当小孩子看待，到现在还是这样。"吉娜打断了朋友的发言："我觉得我妈妈让我窒息，她总想把我紧紧包裹起来，让我处于她的保护之下。"第三个女孩阿曼达则无奈地说："我妈妈根本就不了解我。"

十六岁的女孩则更为谨慎。她们环顾四周，想看看谁和自己有同样的烦恼。"除非她死了，我才能尽情玩乐，随心所欲。"玛格达喊道。

莉娅，一个十八岁、即将迈入成人世界的女孩，显得更加无奈。"无所谓，"她耸了耸肩，"反正我很快就要离开家了。"而十七岁的莎拉更是语出惊人："我需要一个逃离计划，否则我会发疯的。"

在另一间屋子，另一个时刻，我向一群由十五位成年女性组成的群体提出了同样的问题——她们正是那些女孩的母亲。她们也彼此对视，心照不宣地点了点头。她们坦言，她们共同背负着一个沉重的包袱：这包袱里既有恼怒与愉悦交织的复杂情感，也有过往争执留下的阴影，以及因依然存在的依赖而引发的内心不安。突然，一位女士惊呼道："我希望我不会变得和她一样。"一阵别扭的笑声如波浪般在房间里荡漾开来。我们听到有人说："我希望我的孩子不会像我对待我妈妈那样对待我。"随后，笑声停止了。房间里只剩下叹息、低语，接着是一段冰冷的沉默，她们都在默默思考这种可能性。

在另一个场合，我面对的是二十位男性。这里没有突如其来的群体情绪的爆发，只有不安的期待。房间里弥漫着沉默。有人低头不语，避免与他人的目光相遇；有人在座位上挪动身体；有人身体僵硬；有人双臂交叉在胸前，冷冷地向前看；有人摇头，但也有人若有所思地点头，其中一位靠在椅背上说："是的，我有一个难相处的母亲，真的很难相处。"随后，小组中的其他人纷纷转向他，认可了他的坦白。有人耸肩表示理解，有人点头表示同情。

在这几个不同的场合下，某个人的故事总能触动另一个人的心弦。有些人回忆起零星的记忆碎片，有些是曾经被遗忘在角落、如今却重新被发现的记忆，有些则是那些固定的场景，在私下里反复回味，就像舌头在寻找那颗疼痛的牙齿一样，被一遍遍探究。这些不同的叙述相互交织、相互印证。有人讲述了被忽视的经历，有人则讲述了遭受批评与惩罚的故事。

一些逸事伴随着亲密关系正常起伏，而另一些则揭示了一个持续、苛刻的情感环境，这种环境给孩子的心灵留下了烙印，也塑造了一个有着难相处的母亲的成年人。

难相处的母亲各有各的难相处之处

许多人会随口抱怨自己的母亲。女孩子们通过谈论"不可理喻的母亲"来拉近彼此间的距离。她们与家人拉开了新的距离。她们是有着自己的观点和准则的独立个体，渴望摆脱依赖，憧憬着一种全新的、不受父母约束的身份。在成年女性之间，当她们谈论自己的母亲时，也会有一种独特的声音。她们希望别人能理解这份夹杂着紧张、爱意、责任感与恼怒的复杂情感。对于很少谈论母亲的十几岁的男孩来说，"母亲"这个词则承载着令人尴尬的情感分量。他们试图贬低母亲的重要性，嘲笑她的温柔。

抱怨母亲是一种常见的社交活动。有时，我们抱怨是因为对母亲的过度控制感到不安；有时，则是因为对母亲抱有过高的期望，当这些期望未能如愿时，失望便油然而生。我们渴望得到母亲的关注、赞赏与理解，我们往往会对母亲那些不符合我们期望的回应持批评态度，当她不能完全满足我们的需求时，我们就会抱怨。

由于我们与母亲之间有着深厚的爱与依赖关系，因此我们很难客观地评价她的品质。母亲的言行举止对我们影响深远，以至于在情绪激动时，我们往往难以分辨哪些行为是具体的伤害，哪些又属于让我们感到受挫的行为模式。

她有一些司空见惯的缺点，常常令你感到尴尬。比如反复叮咛"要小心"；或是强迫性地询问你是否健康、快乐；或是穿了搭配不当的衣服，让你觉得丢人；或是在你想装得像个大人时，她却对你灿烂地一笑，让你瞬间觉得自己像个小宝宝。也许她觉得你需要她照顾，而你却觉得自己已经独立。也许在她面前，早年那个依赖性更强的自己被唤醒了，你开始怀疑自己是否成熟。

母亲的关心可能更令人恼火，而非让人觉得欣慰。当你生病时，她的焦虑可能会让你感觉更糟。她会提醒你采取一切预防措施，还要问上上百个问题来了解你的病情。当你遇到挫折时，比如失业，她的关心可能会加剧你的焦虑。她的同情其实会向你传递这样的信息：你可能无法应对这次失利，而你却希望相信自己可以做到。她那些没完没了的问题（"你感觉怎么样？""有什么新消息吗？"）——无论是关于你的健康、幸福、感情、事业还是你的舒适生活——都会集中在那些你宁愿遗忘的敏感点上。她那些试图安抚或赞美你的举动可能会让你感到无比厌烦，因为那让你感觉自己又变成了那个需要她支持和同情的孩子，而你却认为自己早已不是孩子。从这个宽泛的意义上来说，即便是普通的母亲，有时也会变得"难相处"，因为她们唤起了我们的情境记忆，让我们对自己的依赖感和不满情绪感到沮丧。所以，当我们抱怨母亲的缺点时，重要的是要记住，问题可能出在我们自己身上，而不是她身上。

"足够好"的母亲这一重要理念揭示了这样一个简单的事实：母亲不必完美无缺，也不必对孩子的每一个诉求或需求都给予恰当的回应。一个"足够好"的母亲应该能让儿女感受到更多的慰藉而非痛苦、更多的共鸣而非分歧。她有着普通人的缺点和易犯错误的特性，但仍会引领孩子去体验两个不完美的人之间因爱而生的种种互动，这种互动伴随着每个人的想法、需求、欲望和分心之事。一个"足够好"的母亲或许有着更多令人讨厌而非可爱的习惯，比如她可能会对孩子的兴趣和能力抱有过时且令人恼火的偏见，但她仍是"足够好"的，因为她所营造的关系中留有理解、想象、成长和愉悦的空间。

难相处的母亲的瞬间写照

那么，何为难相处的母亲呢？

对难相处的母亲的最佳定义是：她给孩子出了一个难题——"要么发展出复杂且压抑的应对机制，来按照我的条件与我维持关系，要么就遭受嘲笑、反对或排斥"。在以下母亲与子女的瞬间写照中，我们将看到一位通常给予温暖和慰藉的母亲与一位强加各种条件、让人难以同时享受爱与满足自身需求的母亲之间的对比。

瞬间写照一：小心我的怒火

二十四岁的赛斯时刻警惕着母亲的怒火。

"我至今也不清楚是什么触发了它，哪怕这些年我一直在努力思考。就我所知，这既无规律可循，也毫无道理可言。我能做得最好的事，就是提前一两分钟，甚至是在她感觉到之前察觉到它。她的脖子开始变粗，双臂紧紧贴着肋骨，当你看到她胸前的颜色变深并向上蔓延时，你就知道得做好准备了。我想，我们每个人都会发脾气，但我母亲的怒火实在令人畏惧。如果你没能躲过，就可能被打得鼻青脸肿。但这不仅仅是担心自己会不会被打的问题，它还关乎对你产生的影响，以及对你自我认知的冲击。"

瞬间写照二：不顺我意便是差劲

三十二岁的肯尼讲述了与母亲之间的一段重要经历。

"当她心情好时，她就像一首歌一样甜蜜，一切都那么顺畅、轻松。她慷慨大方，随时准备取悦你。她对你赞不绝口。但只要你对她说一次'不'，不管你说得多么委婉，世界就会立刻变样。她会勃然大怒，要么不说话，但只要一张口，就会爆发出一连串的抱怨与指责，还有时不时的威胁。比如，前几天她说：'你身上有股讨厌的劲儿，我还以为它消失了呢，现在它又出现了。真是让人讨厌到了极点。'我爱她爱得不得了，但我希望有一天我能掌握诀窍，知道什么时候可以直言不讳，什么时候又必须抛开一切杂念按她的要求去做。我希望我能掌握这个要领，但我现在做不到。所以，即使在她甜言蜜语的时候，你也得注意。记得小心为上，否则你就会陷入四面楚歌的境地。"

瞬间写照三：我的需求至上

十四岁的詹娜时刻关注着母亲的需求。

"我得时刻留意她。这让我比朋友们更无私、更成熟。他们总是想：'我想做什么？我要去做。如何才能避开妈妈的干涉？'而我则更多思考：'我要怎么做才能符合妈妈的要求？'她是个极好的妈妈，非常慈爱，但她能承受的也只有这么多。只要她安好，我就很开心。我擅长洞察她的需求，并把事情安排妥当，这样她就不会吃不消。只要我保持警觉，她就可以开心很久。"

瞬间写照四：你的幸福伤害了我

二十七岁的蕾切尔对母亲对自己生活中的好事所表现出的反应感到郁闷。她描述道："每当我明显很开心时，母亲脸上就会笼罩一层阴云。"她注意到，当自己向母亲分享一天中的好事时，母亲的嘴和神态都变得僵硬。"即便是我考上了大学，还获得了部分奖学金——这本是我为她准备的一份礼物，希望能让她感到温暖和振奋，但她却开始咬嘴唇，忧虑着可能发生的灾难。这让所有的快乐都荡然无存，我不禁纳闷自己为何要白费这番功夫。"

瞬间写照五：视而不见

索尼娅把七个月大的儿子基兰抱在腿上，基兰的头转向一侧，眼睛望着空茫的远方。当基兰扭动身体想换个姿势时，索尼娅却按住他，将他的手臂按在自己的腿上。紧接着，她缓缓抬起基兰的手臂，然后又轻轻放下，如此这般重复了三次，宛如一个活动范围受到限制的玩偶在摆动。之后，她将基兰放在摇篮里，让他仰躺着。基兰的眼睛紧盯着索尼娅的脸庞，双手向她伸去。索尼娅递给基兰一个拨浪鼓。当基兰把它扔掉，开始哭闹，并将头转向母亲时，索尼娅叹了口气，将安抚奶嘴塞进基兰的嘴里，随后转过头，望着对面的墙壁。

这五个瞬间写照展示了难相处的母亲的种种不同形象，每一幅画面都描绘了一个悖论：儿女在寻求亲近、慰藉和理解时，必须遵守苛刻的条件。

两难抉择

所有父母都有情绪起伏，都有不顺心的时候。偶尔的发火、无理要求、暂时的困顿以及粗心或恶毒的话语，并不足以将一个母亲定义为难相处的母亲。从重要的心理层面来看，难相处的母亲与那些只是偶尔难以相处的母亲之间存在着本质上的差异。尽管难相处的母亲有着多种伪装,但背后却隐藏着一个潜在的模式。难相处的母亲会给孩子制造一个难题:"要么发展出复杂且压抑的应对机制来维持与我的关系,代价是牺牲自己的观点、想象力和价值观,要么就遭受嘲笑、反对或排斥。"

孩子很难摆脱这个难题。他们没有选择"我不在乎你是否认为我很差""我不在乎你是否注意到我"或"我不在乎你是否生气或反对"的权利。一想到可能被抛弃,孩子就会感到恐惧。这种被抛弃的原始恐慌,即便在婴儿时期身体无助的状态早已终结之后,依然会长久地潜伏在他们心中。即使是在成年之后,我们也很少愿意放弃母爱,哪怕它带来的是痛苦、沮丧和失望。

孩子会努力掌握各种特别的方法,来应对自己所处的情感环境。面对难相处的母亲,孩子需要掌握的应对方法与他们在家庭中通过情感交流、愤怒表达、玩耍竞争、试探协商以及确立家庭地位发展出的人际交往技能截然不同。难相处的母亲强加给孩子的特殊应对策略是由恐惧、焦虑和困惑驱使的。大多数孩子通过各式各样的赞扬、告诫和宽恕来习得行为准则,但拥有难相处的母亲的孩子却如同在走钢丝,在可怕的预期中如履薄冰,生怕付出沉重的代价。他们生活在一个危机四伏的世界里,必须时刻警惕母亲的反应。这便是母亲留给孩子的"遗产",而且,即使孩子已经离家许久,这份"遗产"依然在塑造着孩子的自我认知及其与他人之间的关系。

原生体验

一个多世纪前,列夫·托尔斯泰在其小说《安娜·卡列尼娜》的开篇写下了一句揭示不同家庭情感氛围根本差异的话:"幸福的家庭都是相似的,不幸的家庭则各有各的不幸。"我们即刻便能察觉到人际交往中的鲜明反差:一种交往如行云流水,洋溢着优雅、愉悦与幽默;另一种则磕绊频现,时断时续,以离奇古怪的方式重启。在所谓的幸福家庭中,对话条理清晰、循序渐进,人们相互传递着快乐、笑声,以及同情或悲伤的眼神,还有惊讶或沮丧的感叹。当然,其间也难免伴随着犹豫、误解、分歧与困惑。尽管每个家庭都难免爆发争吵,但多数情况下,这种纷扰只是暂时的。人们会满怀激情地表达见解,重新审视观点,抚平受伤的情绪,很快便能恢复和谐互动。

然而,一旦对话破裂,当一个人的声音反复被挑剔,令人既困惑又愤怒;当温柔的倾诉或寻求同情的呼唤被无视甚至嘲笑;当你时刻警惕着愤怒的爆发,或是强硬、不可调和的命令;当你提出的解释或示好的举动被当作攻击你的武器——此刻,你已步入不幸福家庭的独特领域。争论非但未能化解误会，反而引发了新的冲突，这些冲突悬而未决，沉重且险恶。你能察觉到问题的存在，却难以确切指出症结所在。互动虽遵循着熟悉的模式，却失去了意义。当你试图澄清时，却陷入困惑；当你努力安抚他人时，却引发了另一场风波。你尝试解释并为自己辩护，但这些努力却被反弹回来，被扭曲并伴随着新的指责。这些支离破碎、令人不适的交流，正是不幸福家庭动态的直观体现。在此方面，托尔斯泰的观点可被借鉴，因为所有不幸的家庭都大同小异。

谈及难相处的母亲所带来的困境，让人既不寒而栗，又倍感熟悉。无论子女是六岁还是六十岁，他们都置身于一个父母需求被放在首位、子女意志需服从于父母意志的关系环境中。难相处的母亲往往会利用子女持续不断的对于关怀、爱意、认可与关注的渴望，来实施控制或操纵，甚至将子女试图改善关系的努力视为对其的攻击。

一旦这种困境在你们的关系中扎根，一句话或一个举动都可能将其推向风口浪尖。此刻，你便切换至一个内心极为熟悉的特殊挡位，你已蓄势待发，准备为自己辩护、安抚她，或是选择逃避，无论是逃离房间还是放空思绪。她的愤怒、要求或不满都需要你全神贯注地应对。无论你原本有何计划、你是何种心情、你有何种私事牵挂，在这一刻都需重新调整。若你的母亲未能得到安抚，她的指令未能得到遵从，她的需求未能得到满足，你便会面临被遗弃的黑暗与遭受攻击的恐惧。你可能会觉得她的声音"侵入"了你的世界，她的要求令你窒息，她那一连串颠三倒四却又执意要求你倾听的"说辞"让你困惑不已。即便你的目标已经缩减到在这场情感的风暴中艰难求生就好，你仍会感到愤怒，并渴望改变这种互动模式，让她倾听你的声音，让你的观点得以表达，让你的感受得到认可。

然而，你压抑了这个愿望，将其深埋于沉默的内心深处。到了这个时候，你或许已经预知了任何尝试协商的结果。是你的母亲，而非你，来决定事情该如何解读。当你表达个人观点时，便煽起了不和的火焰。如果你的观点与她的相悖，那么你的观点便应如尘埃般被拂去。倘若你试图坚守己见，试图为自己辩护和辩解，恳求她理解你对独立的渴望，这些就会成为她攻击你的靶子，会激起她的愤怒或绝望，并成为她累积"证据"的素材，以证明你完全错误，而她绝对正确。至此，沟通的大门已紧紧关闭。无论她提出什么，你都得接受；无论她要求什么，都是合理的。

这与大多数母子间享有的那种积极且相互尊重的关系形成了多么鲜明的对比啊！在这种关系中，彼此间会相互问候，分享信息，探索对方的内心世界，既积极又灵活。

学会与人相处，就要意识到你对他人的反应具有影响力，你可以塑造他们对你的看法。这种动态关系是关系真实性的重要组成部分，也是我们发展自我意识的关键一环。他人的反应向我们揭示了我们的形象，而我们也会向他们传递信息，他们再将这些信息反馈给我们，表明他们"理解"我们。然而，在一段有问题的关系中，我们会监视另一个人，并非因为我们期待得到回报，而是因为我们时刻处于戒备状态。"我会不会惹上麻烦？""我是不是做了什么破坏了这段关系？""她会伤害我吗？"

有时，你可能会忘记她在制造这种困境方面的娴熟技巧。或许，她似乎有所松动：愤怒平息，态度更加灵活，愿意为你的成功感到高兴，并认可你的观点。于是，你满怀希望和喜悦地接近她，心想或许这次能找到正确的方法来获得积极的回应。但当你再次失败，当她忽视你或谴责你时，你会深感自己无力改变这段关系。她那些扭曲的反应、对你关注不足、无法捕捉你情绪暗示的能力，都让你感到困惑和沮丧。在第一阶段的反应中，你对自己的观点逐渐失去了信心，就连你表达感受的能力也备受质疑。你彻底放弃了让他人了解你、看见你、理解你的机会，也放弃了对自身需求的认可的机会。你深陷这个困境之中，可能会不再关注自己的想法和感受。

进入第二阶段，你紧紧依赖那些在过去某些场合曾给你带来些许回报、惩罚较少的互动模式。如果她只在你沉默时给予回应，只在你依赖她时才有所回应，只在你失败时给予关注，或只在你成功时给予回应，那么你就会不自觉地重现这些情境，展现出这些特质。你始终保持警惕，生怕困境再次降临。

最终，你不再希望在关系中发出自己的声音，转而集中精力应对困境带来的种种挑战。你可能会选择安抚她的愤怒来适应，或是关闭自己的全部情感以克服对她的愤怒的恐惧。你可能会变得随时准备满足她的每一个要求，或是表面顺从，内心却策划着逃离与报复。你可能会表现得非常能干，以满足她的需求，但内心却感到深深的无助。你也可能会回避成功，因为你知道这会威胁到她。你也可能功成名就，却满心叛逆。总之，你与难相处的母亲一同生活时，小心翼翼地选择展现自己的哪一面。

五种常见的困境模式

在困难的关系环境中长大的人，都会对以下困境感同身受。虽然每个人的具体情境都是独特的，但困惑、胁迫以及混乱感是其共同特征。虽然我们可能永远无法将过去从我们的生活中抹去，但在复杂的人际关系动态中看到普遍的模式可以带来洞察力，而洞察力是克服其负面影响的关键。根据我们经历的核心困境，产生了五种"难相处的母亲"或困难的人际关系环境类别。每个类别都有其独特的控制方式、独特的理由、独特的诉求以及独特的威胁。

愤怒

最常见也是最直接的手段就是通过愤怒来制造关系困境。父母运用愤怒来控制、威胁并限制孩子的行为。

所有父母都有生气的时候，而当父母表现出愤怒时，几乎所有的孩子都会感到难过，不论这种愤怒是偶尔的、短暂的，还是频繁的、持续的。父母在感到疲惫、承受压力，或是对如何管教孩子感到迷茫时，往往容易生气。当孩子将自己置于危险境地时，父母可能会假装发火，以便迅速引起孩子的注意。"别碰那个！"当孩子伸手去碰正在加热的水壶时，父母会大声呵斥，孩子被父母的声音吓得大哭，却对自己差点被烫伤的事实毫无意识。愤怒还代表着不认可，是道德教育的一种原始形式。愤怒的声音尖锐而阴沉，仿佛在传达："这是错的""我不同意你这样做"。

愤怒是家庭生活的一部分。由于孩子感受到父母的愤怒给自己带来了不适，他们会努力探究是什么触发了父母的愤怒。这也是他们了解哪些是可接受的行为的途径之一。他们学会了通过展现悲伤、懊悔或施展魅力来化解父母的愤怒。愤怒成为他们日常游戏的一环,其中,玩偶或动画角色会大声嚷嚷、责备甚至威胁对方,随后要么暴力相向,要么重归于好。孩子们会自言自语地讨论谁"生气"或"发火",谁"不乖"。他们要留意、思考和管理愤怒——无论是自己的愤怒,还是父母的愤怒。

然而,当父母的愤怒既强烈又难以预测时,孩子们便难以掌握避免愤怒的规则。在某些家庭关系中,愤怒成了父母与孩子互动的主旋律。无论是潜伏的还是活跃的愤怒,都会给整个氛围带来阴影。在这样的环境下成长的孩子,总是对情绪的爆发保持高度警觉。他们难以理解自己的行为与父母的愤怒之间的联系——很多时候,这种联系也确实不存在,因为父母可能会打着合理惩罚或教育的幌子,把孩子当作发泄自己长期压抑的愤怒的工具,而实际上,这些愤怒可能与孩子的任何行为都无关,更多地源于父母自身的生活压力。父母可能会告诉孩子:"我生气是因为你做错了事。"但真相是,孩子只是父母受挫情绪与不满的发泄对象。

父母不可预测的愤怒所带来的长期压力会对孩子的生理健康产生影响,从而降低他们对压力的承受力。当孩子被持续的焦虑包围时,他们幼小的大脑在形成调节情绪所需的心理回路方面就会受到阻碍。更具讽刺意味的是,那些最需要学会自我安抚和控制反应的孩子，往往最缺乏这种能力。长期的压力对幼小的大脑是有害的，会损害其至关重要的功能：学习如何整合和调节思想与情绪。

有时，孩子会通过解离的方式来保护自己，使"妈妈生气了"的想法与所有感受割裂开来。他们通过构建"石墙"般的防御机制来应对父母的愤怒带来的痛苦——这种痛苦伴随着不被认可的联想、被抛弃的潜在威胁以及危险的信号：将自己化作一堵石墙，你将对外界的一切感受无动于衷。然而，作为一堵无感的石墙，你也将无法理解和正视自己的情感。

有些孩子可能会对母亲的愤怒时刻保持警惕。危险无处不在。即便是在看似安全的家中，面对母亲不可预测的情绪攻击，她们也会感到孤立无援。这种无助感可能会让孩子产生一种强烈的羞耻，觉得自己理应承受这份痛苦。而有些孩子在目睹母亲被愤怒吞噬后，便无法有效调节自己的情绪，仿佛置身于一种"持续的兴奋状态"之中，这种紧张感或危险意识会削弱他们理解自我和他人的能力。

控制

第二类难相处的母亲是控制欲过强的母亲。诚然，所有父母都需要管理、教育孩子，引导他们的行为。孩子需要父母明确是非，界定哪些行为可接受，哪些不可接受。

第一章 难相处的母亲：常见模式

在他们学习如何面对挫折和失望的过程中，父母的支持至关重要。养育孩子确实需要大量的控制、说服和榜样作用，但必要的纪律和社会化控制与剥夺孩子个性的过度控制之间存在明显的界限。

控制欲过强的母亲会对孩子有着极其具体的期望，包括他们应该成为什么样的人、应该（或不应该）取得哪些成就、应该持有何种想法和感受。通常，这类母亲会将自己的不妥协视为一种坚定与指导的体现。然而，一旦这种不妥协成为母女（子）间交往的常态，且母亲被视为孩子经历合理性的唯一裁决者时，这种不妥协便显露出其破坏性的一面。一个不妥协的母亲可能会打着原则的旗号，拒绝倾听孩子的声音，拒绝向孩子学习，这实则是在贬低孩子的经验与智慧。

为了迁就母亲的控制欲，子女可能会压抑自己真实的想法和感受，甚至压抑自己作为有独立欲望和需求的人的自我意识。在此情境下，个人的选择变得无足轻重，因为按照孩子的喜好行事会威胁到其与母亲的关系。孩子甚至觉得自己没有必要认清自己的欲望，因为对最重要的人来说，"这是我想要的"毫无意义。

母亲的不妥协使得真正的沟通遥不可及，或者根本不被重视。有些人或许能在父亲、兄弟姐妹、朋友、老师或恋人等其他倾听者那里找到慰藉，通过与他们的亲密关系培养自我反思与表达的能力。但即便如此，他们心中仍会有一种深深的背叛感："母亲的回应对我至关重要，为何她却选择拒绝倾听？"以及"为何母亲口口声声说爱我，却试图将我塑造成另一个模样？"。

自恋与嫉妒

难相处的母亲的第三与第四类特征深深植根于两种相互交织的心态之中：自恋与嫉妒。在一个自恋氛围浓厚的环境中，母亲强加给孩子一项任务，那就是成为一面奉承并颂扬她的镜子。孩子之所以有价值，仅仅是因为他们支撑起了母亲摇摇欲坠的自尊。孩子面临的困境是："要么崇拜我，证实我的伟大幻想，否则你将被视为对我毫无价值的低等存在。"在这样的压力下，孩子不得不牺牲自己的需求，成为母亲自我满足的垫脚石。或者，孩子被赋予了充当满足母亲自恋需求的代理人的重任。然而，由于这些需求既不切实际又变幻无常，无论孩子取得何种成就，都无法真正令母亲心满意足。在这样的角色定位下，孩子很可能会觉得自己永远是个失败者。

嫉妒无疑是孩子可能遭遇的最令人感到困惑与不安的母爱回应之一。在嫉妒的阴影下，孩子的成功反而会对亲子关系构成威胁。嫉妒，这一奇特且往往不被承认的情绪反应，其根源在于对他人幸福或成就的怨恨。有时，孩子的快乐或丰富的想象力就如同成功一般，轻而易举地触发了母亲的嫉妒之心。母亲内心未说出口的想法是："为何我深陷痛苦她却能享受快乐？""为何我的世界如此狭隘，她却能自由翱翔于想象和好奇心的天空？""为何我满心沮丧，她却能乐观以对？"。由于嫉妒往往指向我们与之相比较的人，因此，相较于儿子，女儿更可能成为母亲嫉妒的对象。"我自己都不快乐，她凭什么高兴？"是嫉妒背后的扭曲心态。当孩子逐渐察觉到父母无法以孩子的快乐为乐时，所有的快乐都仿佛被一层阴霾笼罩。

忽视

难相处的母亲的第五种类型是各式各样的忽视。"忽视"这一概念所涵盖的行为范围极为广泛。它既可以是因疏忽大意而导致的对孩子缺乏关注，也可以是极端恶劣的忽视，涉及对孩子系统性的残忍对待，如剥夺孩子的食物、行动自由、教育机会和医疗保障。有时，忽视源于母亲的成瘾行为，此时，孩子将生活在一片混乱之中，因为母亲的嗜好彻底掌控了他们的日常生活。孩子面临着这样的困境："要么照顾我并满足你自己的需求，否则我们都将因你的无能而毁灭。"成为照顾者的孩子或许外表显得成熟且自控力强，但他们的内心深处常常充满了无助和恐惧。他们的能干往往是以牺牲童年那份纯真好奇与探索精神为代价的。

另一个引发忽视的因素是抑郁。抑郁的母亲往往难以相处，因为她们对孩子的关心减少，反应也变得迟钝。在这样的情境下，孩子可能会幻想自己能够做些什么来提振母亲的精神，从而陷入一种困境。然而，无论母亲的不快乐或无能是出于何种原因，它们都给孩子带来了这样的困境："要么你想出办法来治愈我，要么我就消失。"母亲的抑郁甚至可能让孩子感受到一种情绪上的"死亡"。

情境与条件

当一段关系出现问题时，很难将责任完全归咎于某一方。当两人或多人聚在一起互动，并发现相互间的共鸣或不和谐时，便会出现难相处的关系。正如孩子在特定的动态环境中可能变得"难相处"一样，母亲同样可能在这样的环境中变得"难相处"：两人紧密相连，彼此影响着对方的反应，并以各自独特的方式解读着对方的反应。有些母亲的性格特点和习惯可能增加了她们与每个孩子建立难相处的关系的可能性，但通常，同一个母亲的两个孩子对她的感受大相径庭。面对母亲的怒火，一个孩子或许能保持冷静，而另一个孩子则可能吓得浑身颤抖。一个孩子可能会激起母亲的愤怒或依赖，而另一个孩子则可能唤起母亲的同情与耐心。母亲可能会对女儿提出服从的要求，但对儿子不加约束。她可能会对某个孩子施加压力，要求其刻板地符合她那雄心勃勃的期望，却允许另一个孩子放任自流。一位母亲可能期望一个孩子成为她的照顾者，而同时给予另一个孩子全力支持。对于不同的孩子而言，同一个母亲可能时而显得难以相处，时而又足够慈爱。

性别、性格、出生顺序等因素都会对这种复杂且互相影响的纽带产生影响。基因亦是如此，它调节着情感环境。携带"坚韧的蒲公英"基因的孩子可能对父母的情绪波动、反复无常以及否定态度展现出强大的适应能力，而携带"兰花"基因的兄弟姐妹则更容易受到困境的影响。这类孩子可能对恐惧高度敏感，即便是微小且转瞬即逝的愤怒迹象也能引发他们强烈的焦虑。因此，对于同一个母亲的不同孩子来说，他们所处的情感环境大相径庭。

母亲自身也会经历变化与成长。一位母亲可能为四岁、乖巧且渴望取悦她的孩子营造一个温馨舒适的情感环境，但对于十四岁、对她提出批评并持反对态度的孩子来说，她却可能成为难相处的母亲。一位母亲可能对三十岁的女儿展现出欣赏、信任和支持，但在女儿十五岁时，母亲自身的自我怀疑却可能引发愤怒和控制欲。然而，有些关系在人的一生中始终难以调和。有些关系虽然仅在孩子人生的某一阶段显得难以相处，但其影响却可能持久存在。甚至，即便母亲已经离世，她的孩子也可能仍然无法摆脱她曾施加的困境所带来的束缚和痛苦。

　　我们与母亲的关系质量，在我们离开家庭、走向独立之后，仍然会长期影响我们的幸福感。尽管艰难的童年经历可能会一直伴随着我们，但它们并不会永远决定我们的情绪、思维模式或精神生活。许多与母亲关系极为紧张的人，往往都事业有成。他们在各行各业中获得了自信和能力。很多人正是因为与母亲关系紧张，才练就了一身本领。与此同时，他们的内心往往充满了强烈的愤怒与抗争，他们本能地知道这些情绪合情合理，但理智上却可能不愿去探究和接受。他们努力理解并表达这些经历，却常常因关系紧张带来的种种混乱而陷入迷茫。有时候，与其费心解决难题带来的困惑，不如干脆对其视而不见。本书旨在帮助读者理解这些问题，提供反思旧伤口的新视角，并表明无论年龄几何，都能找到应对这一棘手困境的新策略。

第二章
母性力量背后的科学

年轻的大脑

当我们觉得母亲难以相处时,这种感受往往发生在她对我们很重要这一背景下的。我们如何看待自己、如何评价自己,都受到她对我们的看法的影响。我们期望他人如何对待自己的认知,部分植根于我们与最亲近的家庭成员早期的互动经历之中。脑科学领域的最新发现让我们对母亲无处不在的影响力有了更深的理解。我们与母亲的关系成了所有亲密关系的模板。它塑造了我们婴幼儿时期大脑中的回路——这些回路用于理解和管理自己的情绪,以及"解读"他人的想法和感受。当我们看到自己自我意识的形成与母亲的关系时,也就能理解,为何当她难以相处时,我们会觉得自己快要发疯。

在所有观察到的文化中，在所有有记录的时代，人类婴儿都会与照顾他们的人建立亲密关系。而在所有有记录的时代，在所有观察到的文化中，引领婴儿进入充满爱与依赖的人际世界的，通常都是母亲。母亲与婴儿相互凝视，彼此注视着对方。这种早期、持久的眼神交流对人类大脑的发育至关重要，以至于进化过程中不容任何偶然因素存在。脑干反射确保婴儿会转头看向母亲的脸庞。

直到最近，所谓的婴儿专家还告诉父母，婴儿其实看不清母亲，而且在初次全神贯注地接触母亲后的好几个月甚至好几年里，婴儿都没有"人"的概念。但新的发现却表明事实并非如此。成年人用来识别和回应面孔的大脑区域从出生起就是活跃的。从婴儿第一次凝视母亲脸庞的那一刻起，他就看到了一个人。他看到的是能表达情感且能用表情对他做出回应的人。这种互动会引发大量激素的分泌，让婴儿沉浸在快乐之中。这些"内啡肽"——自然产生的能阻断疼痛并产生愉悦的化学物质——是阿片类物质的健康版本。它们是对婴儿参与重要的人际关系初级课程的奖赏。

视觉只是触发这些能够令人愉悦的化学物质的诱因之一。新生儿会把头转向母亲声音的方向，并迅速学会识别并跟随其音调和节奏。如果图像看起来像母亲，他们就会盯着看更久。母亲本能地将婴儿抱在左侧（与右脑相连），这有助于右脑与右脑之间的沟通，而右脑是大脑中专门负责情绪自我的部分。当母亲把婴儿抱在左侧时，她与婴儿的右脑进行交流，而婴儿的行为也会刺激母亲的右脑。即使是负面的恐惧经历也能积极促进婴儿的情绪成长：当"战斗或逃跑"系统被激活时，婴儿的呼吸频率、心率和血压都会升高；但当母亲安抚不安的婴儿时，他会感受到负面情绪的消退，学会了调节自己的情绪这一重要任务的第一课。

学习与爱

我们一出生就开始与母亲建立关系，体验着被拥抱、喂养、安抚和温暖所带来的维持生命的生动感受。但我们的体验远不止这些实际的细节，婴儿还能感受到母亲对他们内心状态的回应。这便是我们理解自己和他人心理的开始。

我们最基本的需求之一就是理解他人对我们的反应。在婴儿学会走路、说话甚至爬行之前，他们就能区分快乐、悲伤和愤怒的表情。例如，他们能分辨出，一张面带微笑、眼角皱纹的开心面孔与语调快乐的叽叽喳喳声是一致的。新生儿的大脑已经准备好去关注、吸收并从与人的接触中学习,在出生后的前十八个月,大脑右半球会经历一个成长高峰期,形成社交和情绪学习的路径。

发生变化的不仅仅是婴儿的大脑。当母亲与婴儿互动时,她的大脑也会受到新的成长和学习的刺激。人们常说,新生儿的母亲简直被婴儿迷住了。过去,人们认为这种强烈的关注是由与怀孕相关的激素引起的,但新的脑成像技术显示,与婴儿互动确实会使大脑发生变化。例如,在对婴儿的哭泣和笑声做出反应时,父母的大脑活动会呈现出一种特殊的模式。此外,当我们参与育儿行为时,控制我们情绪的复杂大脑结构——边缘系统——也会发生结构上的变化。这些变化提高了母亲捕捉孩子情绪的能力。

在母婴互动的过程中,母亲和婴儿都会变得更聪明。在健康的环境下,他们都会被对方的视觉、听觉和运动吸引,他们都渴望学习对方的语言。他们彼此关注的焦点是如此错综复杂地协调在一起,以至于被形容为一场精心设计的流动的舞蹈,在这一舞蹈中,两个舞伴了解彼此,并通过对方了解自己。我们所知的人类心理学正是始于这种初级关系。婴儿与主要照料者(通常是母亲)之间充满热情且全神贯注的联结,是他们第一次体验到爱,也是他们第一次体验到成为亲密关系中的一员。

母爱之焦点与调情

在母亲与婴儿的影片中,一幅幅耐人寻味的画面揭示了早期人际"对话"的漫长、复杂且灵活的互动、接触、刺激与愉悦。他们像浪漫的恋人一样深情对视,这种活动被称为"眼神之恋",因为当他们彼此注视、看到对方的脸庞时,都会迅速涌起一股喜悦。母亲对着婴儿说的那些无意义的咿呀学语,其实是一场深刻的对话。婴儿用咿咿呀呀回应母亲的咿呀声,随着母亲的声音节奏做出手势。艾莉森·高普尼克(Alison Gopnik)将这种相互协调的兴奋状态描述为"调情":"当你说话的时候,婴儿会安静下来;当你停顿的时候,婴儿就会接过话茬,挥舞着小拳头,踢着小脚丫。就像成年人的调情一样,婴儿的调情绕开了语言,在人与人之间建立了更直接的联系。"

在这段亲密关系中,每一个动作和声音都会引发对方敏感的反应,而这些反应又会被短暂的独处时光打断,有时仅仅持续几秒钟。在这短暂的间隙里,婴儿的脸会转向一侧,原本忙碌的反应也会渐渐平息。这种高强度的刺激最终会让婴儿感到筋疲力尽,因此他需要一段"中场休息"来恢复精力,消化这些密集的互动。此时,婴儿的四肢动作虽然加快，却失去了表现力，呼吸节奏也随之发生变化。他慌乱地吮吸着手，头部猛然扭开，试图挣脱母亲的脸庞。有时，他还会拱起背，明显想要逃离这种密集的交流。这些迹象——无一不表明婴儿已经超负荷或感到疲惫——通常都会被母亲敏锐地捕捉到。于是，她会适时地向后靠去，减少互动的频率，静静地观察婴儿的反应，直到婴儿通过某种表情、声音或手势，再次表达出想要互动的意愿。

如果母亲没有回应，会怎样？当母亲和婴儿之间正常的面对面互动被打断，当母亲的表情变得凝固、静止或无动于衷时，几分钟内，婴儿就会感到不安。如果母亲的面孔冷冰冰的、无动于衷，即使在两个月大的时候，婴儿也会通过扭动、表现出烦躁和大声哭闹来表示抗议。婴儿似乎对自己的信号被忽视而感到愤怒。要安抚一个经历过这种关系对话中断的婴儿并不容易。

爱的参照点

这些早期的互动构筑了我们每个人在挚爱之人身上所寻求的参照点：渴望被看见，被理解。孩子们在成长的过程中，会与众多亲戚和朋友建立起各种关系，这些关系无疑会对他们的生活产生影响。然而，婴儿与母亲之间传递的情感信号却塑造了一种核心意识——即自己是一个拥有情感，并能与他人进行情感交流的人。无论我们是三个月大还是三十岁大，拥有一个难以相处的母亲所带来的深刻体验，便是那种积极眼神交流的缺失。面对这样的母亲，我们竭尽全力想要塑造她对我们的看法，却往往遭遇挫败。我们感到自己被忽视、被抹去、被湮灭。我们开始质疑自己的身份，怀疑自己的感受。或许，我们发出的信号被曲解为"不好""刻薄"或"自私"。于是，我们生活在一个充满羞耻感的世界里，在这里，被了解往往意味着被批评、被嘲笑。

孩子们会努力去理解自己的人际交往模式。"谁值得信赖？""谁能给予我温暖、安慰和食物？""谁的触摸、气味和声音与这些美好的感受紧密相连？"这些问题与他们的生存息息相关。随着他们对"自我"与"他人"的初步认知日益复杂，关于这些概念所蕴含意义的问题也随之变得更加深奥："我的行为究竟意味着什么？""我试图交流的人是否真正理解了我？""我的情感是否与他人产生了共鸣？""我真的在有效地交流吗？"

即便我们与他人建立了截然不同的联系，他们以不同的视角看待我们，发现我们独特的价值，我们仍然极其容易受到母亲的反应所带来的影响。对于绝大多数父母与孩子而言，属于彼此的体验总是跌宕起伏，但无论这一路上遭遇多少磕磕碰碰，这种关系在很大程度上都是充满慰藉、支持且宽广无边的。

但如果一段关系带来的痛苦超过了舒适与快乐呢？如果那些深刻的联系与嵌入体验如此令人难以忍受，以至于我们在追求舒适与安全的过程中备受限制与惩罚呢？如果我们不得不怀疑自己，忽视自己的意愿，或者不断压抑自己的思想与行为，仅仅是为了从我们所依赖的人那里获得一丝安慰呢？当这种两难困境深深困扰着儿子或女儿对母亲的体验时，我便用"难相处的母亲"这一简称来指代这种由多重部分、多种背景和复杂视角交织而成的关系。

深入剖析难相处的母亲的瞬间写照

此刻，让我们再次审视第一章所展现的那些难相处的母亲的瞬间写照。乍一看，它们仿佛直观地勾勒出难相处的母亲的形象，但此处对早期关系经历如何塑造我们大脑情感中枢的深入剖析，无疑加深了我们对这些困境根源的理解。

瞬间写照一：小心我的怒火

在这张写照中，我们目睹了二十四岁的赛斯无法找到母亲脾气爆发的"缘由或逻辑",她的愤怒"令人畏惧"。他困惑不解:"这究竟说明了她是个怎样的人呢?"

由于无法预见或理解母亲的愤怒,赛斯始终保持高度的警觉。这种警觉感根植于他童年时期对母亲的依赖。为了在这种充满紧张氛围的环境中求得生存,他学会了细致地观察母亲。她皮肤色泽的微妙变化、肌肉的紧绷或是瞳孔的收缩,无一不成为他警惕潜在威胁的信号。有时,那些因害怕父母而心生畏惧的人,反而会变得擅长洞悉他人的内心状态。这种能力在某些场合下确实颇具用处,然而,赛斯对母亲愤怒情绪的极度敏感,却严重束缚了他们之间的亲子关系。

瞬间写照二:不顺我意便是差劲

三十二岁的肯尼生动地描述了他与母亲之间那如天气般瞬息万变的关系:"前一刻她还对我赞不绝口,但只要我稍有违逆,整个世界便仿佛天旋地转。"随之而来的是无尽的抱怨与指责,他被告知自己"坏到了骨子里"。

尽管肯尼已是一个独立的成年人,但母亲的反对仍会让他感到四面楚歌。他无法将任何与母亲相异的想法或愿望带入对话(广义而言),否则便会招致一顿痛斥。

孩提时代,他曾渴望母亲能如镜子般映照出真实的自己。当他和朋友嬉戏打闹时,母亲的脸色是否会骤变?当他奔跑着追赶公交车时，她是否会因焦虑而紧锁眉头？他是否能畅所欲言，看到母亲试图理解自己？她对他的成长与变化又有何反应？这些过往的反应，如今都化作了他内心的脆弱。她的不认可让他的自我评价从"优秀"滑向了"糟糕"。因此，他尽量避免对她说"不"。

肯尼面临着一个悖论：若他不遵循母亲的意愿行事，他所深爱的人便会收回那份温暖与认可。他期盼着："有朝一日，我能掌握诀窍，以知晓自己何时可以畅所欲言，何时又必须摒弃杂念，遵从母亲的吩咐去做。"

心理学家卡罗尔·吉利根（Carol Gilligan）将这种悖论描述为：为了维持关系而放弃关系。你为了寻求舒适感而放弃了真正的沟通，但随后你又失去了真正的沟通所带来的舒适感。肯尼为了避免受到虐待，放弃了在一段关系中被人看见和理解的机会。

瞬间写照三：我的需求至上

十四岁的詹娜总是将母亲的需求置于首位，与母亲看似关系融洽，但她深知，为了维持这份和谐，自己必须压抑内心的需求和冲动。为了母亲，她表达自己的情感时总是有所保留。詹娜能够很好地控制情绪，且富有同理心，这表明在她的婴儿时期，那些负责调节压力的神经连接以及理解他人心智的基础能力得以构建时，她所处的家庭环境是相对良好的。然而，在婴儿期之后，直至青少年时期，我们仍然需要母亲的关注和回应，作为我们自我意识成长的共鸣板。

在青少年阶段，孩子们对父母的关注往往有着极高的要求。许多青少年与父母之间的矛盾都源于子女试图更新父母对自己的认知："这就是我，这就是我现在的想法。在你们眼中，我可能还是那个孩子，但我已经长大了，已经变了。"青少年常常为自己能够独立思考、反思政治和道德原则，以及能够进行辩论而感到兴奋不已。他们渴望在父母面前行使自己的新权力。但詹娜所描述的与母亲的关系，却剥夺了她应有的成长机会。她看似成熟稳重，实则放弃了自我探索的旅程。詹娜通过不断优先考虑母亲的需求，来维持这段看似"良好"的关系。

瞬间写照四：你的幸福伤害了我

二十七岁的蕾切尔对于母亲对自己生活中美好事物的反应深感沮丧。在构建足够良好的亲子关系中，母亲对孩子独立的兴趣、技能与成就所展现出的喜悦至关重要，这能让孩子确信自己可以放心地展现并发展自己最优秀的一面。然而，当成功与幸福反而招致母亲的拒绝与嘲笑时，蕾切尔感受到了深深的背叛。她惊讶地发现，母亲已悄然改变：幼时，母亲会为她的每一次成长欢欣鼓舞；而到了十六岁，当她初显女性魅力，她的独立与成熟却引来了母亲的敌意。蕾切尔陷入了两难境地：是追求个人目标，甘愿冒险与母亲关系破裂，还是牺牲自我追求，以维系与母亲的那份"舒适"的亲情？

这一抉择再次将她推向了选择的十字路口：是坚守自我，还是维系与母亲的关系？难道她只能通过改变、隐藏或否认真实的自己，来换取与母亲关系表面上的和谐吗？

瞬间写照五：视而不见

在这一写照中，我们目睹了年轻的母亲索尼娅将七个月大的儿子基兰抱在腿上，基兰的头转向一边，眼睛漫无目的地望着远方。当基兰扭动着小小的身躯，试图变换一个更舒适的姿势时，索尼娅却紧紧按住他，将他的双臂牢牢地压在腿上。

对于七个月大的婴儿基兰而言，他天生就有一种强烈的冲动，那就是凝视着母亲，追随着母亲的脸庞，渴望看到母亲回头给予他关注的目光。通常情况下，这种眼神交流能够让母亲捕捉到婴儿的基本表情。母亲会理解并回应婴儿发出的信号。然而，索尼娅却忽视了儿子对于面对面交流的需求。

索尼娅爱她的孩子，也悉心照料着他的生理需求，然而，她既不去注视孩子，也不从孩子身上学习，这样的缺失可能会让基兰的一生都充满挣扎。他对于人际交往的期望可能会降至冰点，难以"解读"他人的情绪，或在表达、甚至识别自己的想法、感受与需求时遭遇重重困难。他可能会对亲密的人际关系感到焦虑与不确定，并对人际关系的价值产生矛盾心理。在生命的早期阶段遭遇这样一位难以相处的母亲，往往会为个体的一生带来重重挑战。

心理化

"试图理解人性，本就是人性的一部分。"发展心理学家艾莉森·高普尼克曾如此写道。我们清醒时（乃至梦境中）的大部分时光，都沉浸在对他人心思的揣摩之中。她为何会如此行事？他为何会以那样的方式与我交谈？他们所言是否属实？是否在试图欺骗我？他究竟是真心喜欢我，还是仅仅在伪装？她的动机究竟是什么？

我们之所以如此执着于理解他人，背后有着深刻的进化原因。作为社会性生物，我们彼此依赖以维持生存。人类独有的漫长的不成熟期让我们比其他任何物种都更长久地依赖于父母，这与我们需要了解他人息息相关。更为重要的是，我们需要掌握他人对我们的反应。为了了解他人，也为了更深刻地认识自己，婴儿会细致观察、深入思考并测试他人的反应，而最初，他们最大的关注点便是母亲。在这场复杂的人际互动中，我们急需一位优秀的导师。

母亲教育孩子认识自身内在状态的一种有效方式，便是将自己的感受反馈给孩子。这一关键的反馈机制赋予了我们一项至关重要的能力——心理化，即理解和推测他人心理状态的能力。

当婴儿啼哭不止时，他的世界充斥着痛苦与迷茫。他完全沉浸于身体不适的深切体验中，全身都在传递着这种难以忍受的感受：胸部剧烈起伏，双腿胡乱蹬踏，双臂紧紧绷直。此时，如果母亲能以充满关爱和关切的神情来回应，而非一同哭泣，她便会通过模仿孩子痛苦表情的某些特征（例如夸张地皱眉，眉头紧锁），部分地映照出孩子的心境，并对其进行转化。她明确地表明，通过映照孩子的感受，她并非在抒发自己的情绪，而是在关注孩子的内心世界。

这种复杂的回应方式被称为"显著映照"。在照顾婴儿的过程中，母亲自然而然地进行着细腻且复杂的交流。她的面部表情和声音反应表明，她能够共情孩子的感受，不是说她自身在经历孩子的感受，而是感同身受。她展现出自己的理解，同时也示范了如何表达这种理解。婴儿最初感受到的只是直观的、身体上的痛苦，而母亲通过表达关心、有选择性地模仿等方式，将他的感受重新呈现给他，并将他的体验转化为一种心理状态的概念。母亲的理解、关注、接纳和关心，为他自我意识的形成奠定了坚实的基础。她让他明白，自己拥有感受，并且与同样拥有感受和精神世界的他人一起生活。这些独立的人能够与他沟通，理解他的内心状态。他拥有心理化的能力——即能够反思自我及他人的思想与情感——这要归功于他的母亲，她已向他揭示，内心世界是具备形态与实质的。

心理化与情绪智力

母亲感知婴儿的感受并对其微妙信号做出响应的能力，被称为"共鸣"（attunement）。在动物界中，没有其他物种的大脑会如此依赖这种经历。精神科医生托马斯·刘易斯（Thomas Lewis）曾指出："对于爬行动物而言，缺乏共鸣或许并无大碍，但对于社交欲望强烈、情感需求迫切的人类婴儿来说，这无疑是毁灭性的。"脑科学的新近发现揭示了这些早期频繁互动对大脑产生的生物化学影响。日复一日，大脑回路不断发育，形成了支撑交流的心理软件。而塑造这些神经网络的相同经历，也为现今普遍所称的情绪智力——即管理、控制和识别自身情绪的能力——奠定了基础。学会调节情绪状态，已成为婴儿期的一项核心任务。

当情绪失控时,恐惧便会侵袭我们。若我们不懂得如何安抚自己,让自己恢复平静,便会时刻被焦虑、愤怒与恐惧笼罩。若我们无法识别和理解自己的情绪,便会任由冲动摆布,无法考虑解决问题和实现目标的不同方式。

当我们发现散步、品尝巧克力、观看喜爱的连续剧或与朋友交谈能够帮助我们在遭遇失望或争执后冷静下来、恢复内心平衡时,这些应对方式其实都源于我们早期的经历。

当我们能够区分理性的恐惧(例如促使我们谨慎驾驶的恐惧)与非理性的恐惧(例如对鬼魂的恐惧)时,这实际上得益于我们早期经历惊吓后获得安抚的体验。幼儿时期与照料者的互动教会了我们如何在平凡的日子里不被恐惧、焦虑或困惑的风暴吞噬。

我们大多数人都能承受环境变化带来的压力,并能依据过往的经历和积累的理解来审视自己的即时反应。同时,我们也能感知、理解和回应他人的情绪,尤其是亲近之人的情绪。这些能力并非与生俱来的天赋,而是后天习得的技能,而我们的启蒙老师正是主要照料者。当她安抚我们、拥抱我们、轻声细语地与我们交谈时,我们体验到了从紧张到安心的转变。她展现出对我们的感受和知觉的关注,探究我们的需求和哭闹的原因,从而引领我们进入与他人进行情感交流的积极互动之中。这些至关重要的早期经历为大脑营造了一个良好的环境,使其能够有效控制情感的闸门。简而言之,我们早期的人际环境为应对复杂生活中不可避免的压力提供了缓冲。

一个缺乏这种积极互动刺激的婴儿受到的损害可能不亚于遭受身体虐待的婴儿。被忽视的婴儿的大脑与被虐待的婴儿的大脑一样,会被不同的生化物质充斥。这种不健康的生化组合会阻碍压力缓解神经回路的发育。每一次挫折、每一次打击都会与其他负面经历产生共鸣,每一次压力、失望和沮丧都会变得难以承受。缺乏积极互动的孩子,往往难以学会应对困境的健康策略。

长期的压力非但不能使人变得坚强,反而会导致脆弱。它不仅会削弱婴儿的学习能力,还会影响孩子日后的学习潜能。如果婴儿期那些至关重要的神经回路未能得到充分发育,大脑便会失去其惊人的可塑性——这种可塑性原本能够支持个体在一生中不断吸收新技能。

我们并不需要一位能够完全共鸣我们每一个想法和每一种感受的母亲,我们需要的是一位足够好的母亲,她能够给予我们足够的理解,让我们确信自己的经历是真实而有价值的。即便我们已经度过了由这种深厚关系塑造大脑的关键时期,与母亲的那些困难、困惑甚至具有威胁性的互动,依然会动摇我们的自我意识。

映照

我们已经观察到，对于孩子而言，母亲的脸庞就像一面镜子，映照出孩子的内心状态。当母亲映照孩子的情绪时，她会以嬉戏、好奇和喜悦来标记这一映照过程。母亲脸上流露出的认可、喜悦、关切、恐惧或不满，对孩子而言都是至关重要的信息："这就是我，这就是我行为的意义所在。"当母亲脸上出现恐惧、惊愕或不满时，孩子的自我认知会发生根本性的变化。母亲的回应对我们来说很少是无关紧要的。即使到了成年，我们依然会向母亲寻求对我们行为的解读，只不过她映照的意义会随着时间而变化。

当孩子从襁褓中走出，学会在无人协助的情况下独立行动时，他会回头望向母亲的脸庞，观察她的反应，以此来判断这个新世界是否安全。孩子欢快地跑离母亲身边，他的整个身体都在为新发现的运动能力而欢呼雀跃。当他转向母亲，渴望从母亲脸上捕捉到这份喜悦的共鸣时，却意外地看到了担忧的神情，这让他惊恐地尖叫起来，瞬间失去了平衡。摔倒时，身体的疼痛只是他尖叫的直接原因，而真正的恐惧则植根于母亲脸上那抹警觉之中。

第二章 母性力量背后的科学

孩子们总是乐于展现自己日益增长的能力,但父母的否定或不安的神情却足以让这份喜悦瞬间化为泡影。"我离开你,是否还能感到安全?""我能否找到回家的路?""我的新能力会让你感到高兴还是担忧?"这些都是孩子在凝视母亲的脸庞时,内心深处不断探询的问题。孩子会从其他家庭成员那里获得关于自己的性格、价值、能力、欲望和目标的反馈。祖父母、兄弟姐妹、堂表亲、朋友、老师和邻居都会在一定程度上强化或改变孩子的自我意识。然而,母亲对我们的看法,其重要性从这种早期塑造心智的关系中就开始显现,她的反应为孩子的行为赋予了意义。

随着童年的渐行渐远,母亲映照的性质也在悄然变化。一些孩子,甚至是许多青少年,似乎对母亲的认可与否表现得漠不关心。但尽管有些青少年表面上故作勇敢,实际上他们依然非常在意母亲对自己的看法。他们会仔细观察母亲,解读她的反应,并试图影响母亲对他们的理解和判断。孩子们并非母亲反应的被动接受者,他们会积极努力地塑造母亲眼中的自己,以及母亲的回应方式。随着孩子的成长,他们会采取各种策略,刻意地向母亲展示自己已经不再是她曾经了解的那个小孩,而是一个拥有独立且出乎意料的想法和感受的复杂个体。尽管拥有个人空间和隐私对青少年来说可能日益重要,但他们同样渴望父母能够理解他们、"看见"他们,并尊重他们的真实自我。

青少年与父母之间的争执往往源于青少年需要发"身份提醒",以此引导父母成为一面更加精准的镜子。这些提醒可能接踵而至,为亲子关系增添了一种特有的紧张氛围。许多亲子争执背后都隐含着"我并非你眼中的那个孩子"以及"我已拥有新能力,你却视而不见"的信息。

这些努力中充满了挑战与挫败。青少年可能会发现,母亲反应迟钝,难以察觉或理解眼前的事物。对母亲的抱怨有时恰恰源于她以往的良好回应,这些回应让孩子对她的关注和共鸣产生了更高的期待。"她不懂我"和"她不听我说话"的抱怨,可能正是因为她在这段关系中为自己树立了高标准。我们与母亲的争执往往是为了从她那里重获那份特别的关注与理解,在某种程度上,即便在她最初对我们的内心状态进行映照,并在我们心中留下成长的烙印之后,我们依然在某种程度上依赖着这份关注与理解。

青少年的活泼与好动往往源于他们希望父母能够更加理解和欣赏自己。没有无冲突的关系子女们也能茁壮成长,但他们需要一种充满活力且至关重要的关系,一种他们能够理解并产生影响的关系。随着他们的成长,成为独立的个体成为首要任务,他们甚至渴望有人倾听他们最私密的想法和感受。当母亲难以适应孩子不断变化的自我意识时,青少年便会表达不满,因为他们希望改善母亲的回应，这些回应对他来说依然具有举足轻重的意义。这种不断变化的关系往往难以一帆风顺。挫折与烦恼在所难免。真正损害关系的并非调整过程中的冲突，而是因尝试协商建立更加令人满意的关系而遭受的惩罚和鄙视。

理解的意义

我们人生的第一课不仅仅是学习如何生存，还包括学习如何向他人表达自己的感受与需求，并知晓重要的照料者会通过一系列富有表现力的反应来帮助我们认识自己。这些早期的经历塑造了我们理解他人与被他人理解的模板。我们渴望被理解，渴望得到能与他人顺畅沟通的保证。但最为关键的是，我们期望那些关心我们的人会全力以赴地"了解"我们。他们会仔细观察，会放大所见，若不理解，便会进一步探寻线索。我们期望那些如此投入于我们成长的人会随着我们的成长而持续关注我们、调整自己。我们坚信，她对我们的深切关注会用来鼓励与欣赏我们，而非控制与批评我们。

人类始终在尝试理解他人的行为。这既源于进化的需求，即预测他人的行为，又远远超越了身体生存的需要。在重要的关系中，当有人一再误解和歪曲我们的意图、动机和性格时，我们会感到惊愕与紧张。

在童年时期，我们因父母的喜爱而茁壮成长，因父母的不认可而感到沮丧。在大多数情况下，我们能够理解父母的不同反应，我们学会了区分哪些行为是可以接受的、哪些是不可接受的，同时也掌握了如何为自己辩护、阐释个人动机，并影响他人对我们的看法。然而，当父母声称对我们应有的模样和行为持有全面且一成不变的观点，或是他们的评价主要基于自身需求时，我们便陷入了一个可怕的困境。这时，我们不得不在重视自我需求、发展个人见解、识别自身情绪和维持与父母的重要关系之间做出艰难抉择。

那些给孩子制造这种困境的母亲往往并未意识到自己在设置何种条件。她们可能被自身需求压得喘不过气，视野因此变得狭隘，忽视了孩子的视角。或许在她们童年时期，就曾长期遭受忽视或虐待，因此产生了压力，导致她们难以管理自己的情绪，也无法妥善回应孩子的情感需求。她们的儿子或女儿或许成了她们绝望之声的唯一"听众"，进而使她们变得依赖孩子，视其为照料者。由于自觉无力，她们可能会操控、恐吓或控制孩子，只为能在自己的世界里施加一丝影响。

理解母亲的困境并不能减轻孩子所承受的苦难。对孩子而言，这个两难选择——"要么发展出复杂且压抑的应对机制，以高昂的代价维护与我之间的关系，牺牲你的视野、想象力和价值观；要么遭受嘲笑、否定或排斥"——无异于生死抉择。在我们年幼时，世界以父母的情感与行为为中心，我们对母爱和被母亲认可的渴望与对食物和住所的需求同样迫切。在那段早年时光里，我们的大脑正逐步形成期望、解读和情绪调节的模式，对于年龄稍长的孩子、青少年以及不再严格依赖母亲的成年人来说，他们仍可能按照过去脆弱时期所形成的模式去思考、感受和反应。无论走到哪里，他们都带着那段艰难的人际关系环境所造成的影响。一位难相处的母亲所带来的影响是深远且持久的。然而，我们能够学会如何度过这段艰难的时光、如何应对，甚至在某种程度上还能从中获益。

第三章
愤怒型母亲

01
愤怒的力量

孩提时代,母亲的尖叫便能穿透我的身躯。尽管身体上的攻击——通常以"理所应当"的责打形式出现——并不常见,但她的眼神却能穿透我的皮肤、肌肉,直至骨髓。当她怒火中烧时,我无处遁形,无处安身。即便她怒火平息、重展笑颜,我仍能感受到那股力量的余威。母亲的愤怒影响了我与她关系的方方面面。

对于自己的愤怒,我的母亲有着截然不同的说辞。她认为这很正常,是以爱的名义行使的。在她看来,愤怒是履行育儿职责时不可或缺的表达。她解释说,她之所以如此愤怒，是因为她对孩子的关爱标准极高。如果她相较于其他母亲更为频繁地呼喊，那是因为她对是与非、对与错的分辨能力远超常人。她是在向孩子传授宝贵的人生智慧，绝非"懒惰"的家长，她与其他众多家长截然不同。她爆发的愤怒恰恰证明了她有多么在乎孩子。

我并非唯一承受她的愤怒的人。无论是外出购物、餐馆就餐，还是家中维修，都可能让她发现某些"罪行"，而她的职责便是让肇事者承担责任。她要让人们不再"逍遥法外"，让世界变得更加美好。她希望人们能从她这里"吃一堑，长一智"。我能看出，对于店员、服务员或水管工来说，她是个"难缠"的人。但对他们来说，这种难缠只是个插曲，事务一结束便烟消云散，然而，对我来说，她的愤怒却如影随形，贯穿我生活的每一天。

我的母亲并非总是愤怒。客观而言，或许每个月她爆发愤怒的次数一只手就数得过来。然而，这却成了我每天心中的重负。我时刻警惕着她的怒火，却又永远无法准确预测。我开始与自己玩起心理游戏：每当担心自己犯错或有过失——比如学校报告的成绩不尽如人意，或是错过了音乐课，或是没有按规定时间"准点"回家——我便会详细想象她的反应。我会"听见"她的责备，并随着她的话语深入剖析自己的"罪行"。我试图通过想象她的愤怒来掌控结果。然而，现实却常常与预期相反：当我预料她会愤怒时，她却显得漠不关心；当我期待她的认可时，总有一些行为或话语会引发一场风波。由于我可能判断失误，我便试图让悲观情绪成为保护自己免受预期结果伤害的盾牌。我会尽情想象她愤怒时的模样，想象得越生动，它就越难以成为现实。但这种反向的"魔法思维"仅对我能够意识到的潜在错误有效。然而，我存在诸多盲点：我未能记下重要的电话留言；我忘记告诉电工还有其他维修事项；或许是我的某种语气、某个转身的动作，或是所用的某个词汇，都可能透露出我对她缺乏"应有的尊重"，从而点燃了她长久压抑的怒火。

我曾以为愤怒是母亲角色中不可避免的一部分，因此我对自己成为母亲心存戒备。"直到你自己有了孩子，才会懂得感激母亲。"每当我抱怨时，母亲总会如此回应。然而，当我有了自己的孩子，目睹了他们的脆弱、敏感以及对情感环境的敏锐感知后，我对母亲的行为感到更加震惊。我对她曾经的冷酷无情有了更深的认识，但我相信，那并非她的本意。我还了解到，一个三岁孩子的暴躁情绪足以让人的神经紧绷至愤怒爆发的临界点，而自己却浑然不知这股愤怒从何而来。我发现，将一整天的挫败感全部压抑，然后向孩子发泄，看到她甜美的脸庞因恐惧和爱而紧绷，向上伸出双臂，祈求和解，这让我感受到一种病态而可耻的解脱。在看到她的反应后，我意识到，原来我自己那孩子气的怒火爆发也是有限度的，甚至我脑海中塑造的那个丑陋的、如巫婆般的母亲形象也是可以战胜的——但这并非一蹴而就，而是需要每天站在孩子的角度给予回应。然而，我获得了一个令人不安的认识：无论我感受到多少母爱，一个尖酸刻薄、难以相处的母亲的形象都可能潜藏在我的内心深处。

作为一名心理学家和母亲，我深知所有父母都会生气。我也明白，尽管没有孩子喜欢父母生气，但单次发火并不会直接导致关系环境的恶化。只有当父母一再且频繁地利用愤怒来中断交流时（这里的"交流"涵盖了广义的对话与互动），孩子才会真正陷入困境。当父母以愤怒或其威胁来掌控情绪氛围时，即便是原本可能充满欢声笑语的亲子对话也会丧失其自发性、开放性和真诚性。一旦父母的愤怒因子女试图在对话中分享个人经历而升级，便会出现一个两难的选择："要么你压抑自我以迎合我，要么我的愤怒将彻底摧毁我们之间的温情。"于是，一种无形的条件悄然形成："如果你想和我保持亲近，就必须忍受我的愤怒，尊重我的怒火。而如果你质疑我发火的权利或愤怒的合理性，这段关系将会变得更加痛苦。"

在本章中，我将呈现一些案例研究，通过真实人物的亲身经历，展现他们如何陷入这种两难境地。同时，我将结合神经科学领域的最新研究成果，解析这些个人故事背后的科学原理,揭示孩子为何会对母亲的愤怒产生如此强烈的反应。尽管这些科学发现揭示了困难的关系可能带来的负面后果,但它们也为我们指明了恢复和谐关系的途径。

制造两难境地

"每个人都会大喊大叫。"洛伊斯一边听着十七岁的女儿玛戈特抱怨"每次面对妈妈前都得深吸一口气",一边反驳道。

玛戈特似乎首次勇敢地表达了自己因不得不时刻控制情绪以避免母亲愤怒爆发而感到的愤怒。她的眼神中闪烁着坚定的光芒,透露出一丝警觉。她用自己的大拇指指腹轻轻摩挲着被咬得参差不齐的食指与无名指指甲边缘,仿佛在寻找一丝安慰。

"妈妈的声音震耳欲聋,仿佛要将我的脑袋劈成两半,让我不得不全神贯注地应对。那感觉就像是在汹涌的愤怒洪流中奋力挣扎,只有紧跟它的节奏,我才能避免被彻底吞噬。我内心紧绷,僵立原地,静待这股情绪风暴的平息。然而,当我以为一切已经结束时,她却又开始大声嚷嚷,指责我在她怒吼时没有专心倾听。"

第三章 愤怒型母亲

洛伊斯摇了摇头，不以为然地说："这么说，我是个急脾气的人了？什么时候大喊大叫也变成要人命的事了？是她让我发火的。如果她尊重我的意愿，我就不会嚷嚷。她是在给自己找不痛快，但她知道不管怎样我都是爱她的。"

大多数孩子在面对难相处的母亲所带来的两难境地时，都会竭尽全力反抗。然而，在经历了无数次的挫败后，他们终于明白，反抗只会换来更严厉的惩罚。孩子渴望母亲能站在自己的角度看待问题："这就是我感受到的你的愤怒。"但愤怒的母亲往往只会用更多的指责来回应，为自己的行为辩解，贬低孩子的感受，甚至将自身的痛苦归咎于孩子。几秒钟内，这场"对话"便宣告结束。孩子的反抗反而成了助长母亲怒火的燃料。

爱与排斥：经典的双重束缚

一个棘手的关系困境往往充满了矛盾与冲突，这种矛盾可以被形象地描述为双重束缚。双重束缚的经典案例便是在负面暗示（如语调、肢体语言等）的背景下表达爱意。如果母亲在表达厌恶或敌意的同时坚称自己在表达爱意，孩子便陷入了恐惧与安全感之间的矛盾之中。这种矛盾让孩子感到无所适从，无法分辨真假。

恐惧驱使孩子密切关注母亲的一举一动。母亲嘴角的细微抽动、眼神的每一次躲闪、脖子的每一次扭动都预示着潜在的危险。当母亲的言语与其面部表情、声音和身体语言不一致时，孩子便无法理解这个关系世界的规则。

母爱是一个沉重的话题。它披着神圣的外衣，因而免受批评。有时，提及母爱反而会让原本试图理解的问题变得更加模糊。"我是你的妈妈，我爱你"可能传达的信息是"我已经给了你想要的一切，你再想要更多就是你的错了"。"我是你的妈妈，我爱你"会唤起文化符号的共鸣，传递出"我拥有这座神奇的母爱宝库，你再对我抱怨的话，就是不知好歹、不够宽容"。

有时，难相处的母亲被定义为无法爱孩子的母亲。然而，难相处的母亲往往能够感受到爱，并且真心认为自己是在爱的名义下行事的。关于母亲对孩子的爱，"无条件的爱"是一个流行的说法。无条件的爱的理想化版本意味着"我完全爱你，完全接受你，永远不会评判你"。但这并不符合父母对孩子所怀有的那种强烈的责任感。足够好的父母会为孩子设定期望的条件。他们会责备、建议、指导孩子，并且对孩子的言行、喜好和价值观有着强烈的看法，有时甚至是负面的。"我无条件地爱你"仅仅意味着"无论何种情况，我都不会抛弃你"。但如果缺乏一种能够分享感受、给予理解的关系，孩子很可能会觉得自己被冷落，被排除在母爱之外，即使母亲常说"我爱你"。

棘手的日常

儿女需要经过多年的仔细观察和深入反思，才能弄清关系困境的条款。当你置身于困难的关系中时，你会受到各种胁迫你遵守其条款的策略的影响。同时，制造困境的母亲往往会否认困境的存在。当孩子努力解决、面对或逃避困境时，难相处的母亲很可能会通过一系列不同的策略来维持现状。

通常情况下，孩子在发展反思能力和自控力时会得到父母的帮助。可是，在助长困难关系的家庭中，父母往往自身就缺乏反思能力。有时，他们即使在大喊大叫，也否认自己在生气。他们无法冷静地思考自己是否有理由生气，而是将孩子的痛苦视为"愚蠢""淘气"或"被宠坏了"。然而，尽管他们在反思自己的情绪和行为方面存在缺陷，但在迷惑和反对孩子方面却常常表现出惊人的智慧。以下是一些常用于防止孩子发现关系困境所在的习惯性做法。

大多数难相处的关系的核心都在于某种形式的**不一致**

性。孩子的痛苦因父母拒绝承认这种痛苦而加剧。孩子们同样无法从父母那里获得协助，来理解他们愤怒情绪的根源。失控的愤怒往往伴随着自我辩解，责备如影随形，使得愤怒的父母将一切过错都归咎于孩子，任何曾经引发他们愤怒的事情都会被卷入当前这股愤怒的漩涡之中。孩子唯一能领悟到的就是："我完全错了，我无法理解我所处的人际关系世界。"

边缘化即忽视孩子抗议的合理性，是否认的一种形式。它向孩子传达的信息是"你所说的感受并非你真实的感受"。当孩子从父母那里听到这样的话语时，他们会选择封闭自己的内心。这种信息让孩子感到困惑，仿佛在说"我不清楚自己的感受"以及"我无法准确表达自己的感受"。

反诉则是将孩子对父母的抱怨转嫁到孩子自己身上的一种手段。它传递的信息是"你之所以痛苦，完全是你自己的原因"。反诉通常包含两个部分：一是告诉孩子，他们让父母生气是咎由自取；二是告诉孩子，他们反对父母发怒是错误的，因为父母的发怒是为了他们好。

混淆视听则掩盖了孩子试图提出的问题。如果孩子抗议说母亲的愤怒让他感到痛苦，她可能会坚持说："我爱你，所以我真的已经给了你所需要的一切。"这个强有力的"爱"字掩盖了孩子试图传达的复杂而迫切的感受。混淆视听往往与边缘化一同使用，以强化"你的痛苦并非真实存在"这一信息。

视野狭隘意味着一个人无法——或者不愿——从他人的角度看待问题。其潜在的信息是"我的观点是唯一正确的观点"。视野狭隘的一个后果是，父母会觉得自己完全有理由拒绝审视自己愤怒的合理性。

外化则是父母承认自身行为有误的同时，又确保自己无辜的一种方式。以"是酒的问题，不是我的问题"这样的借口让孩子将他对母亲的体验与"真正"的母亲分离开来。

利用读心术来指责是指愤怒的父母将自己的阴暗期望投射到孩子身上。她可能会通过说"我知道你在想什么"和"我知道你想要什么"来为自己的愤怒辩解。然后，父母就不再倾听孩子的话语（广义上），因为觉得没有必要再听了。如果告诉孩子，妈妈即使不倾听或不关注他，也能了解他，这会让孩子深感困惑，意味着孩子的思想并不属于自己。

组合战术则是综合运用几种甚至所有这些手段来迷惑孩子，并击败他们的抗辩。组合战术会导致孩子的情绪波动和言语混乱，从而使孩子放弃抗议，接受两难境地中的条件。

02
恐惧的科学原理

许多人坦言,他们不清楚为何在面对母亲的愤怒时会感到惊慌失措,即便到了成年,那份原始的恐惧仍然挥之不去。在此,二十一岁的克雷格与三十四岁的罗伯特共同反思了他们内心中那份恐惧的本质。

克雷格说道:

> "我深知她不会杀我,但在某种程度上,我又不能完全确定这一点。每当她对我发火,我就感觉自己正面对着行刑队。"

罗伯特则回忆道:

> "她一旦对我翻脸,我就双腿发软,勇气尽失。我不断提醒自己,最糟糕的时刻总会过去,她不会永远这般模样。她现在正在气头上,但总会有平息的时候。小时候,为了度过这些难关,我尝试过各种办法。我曾想'只要她不打我,就不会太糟糕',但后来我发

现，她打不打我，其实并不重要。我真正害怕的是，她会暴跳如雷，然后离我而去。"

这些深重的恐惧源于童年的依赖。父母的怒火是危险的信号。目睹父母失控发怒的孩子，不仅为自己感到恐惧，更为父母感到担忧。孩子潜意识中的恐惧不仅仅源于害怕自己会受到伤害，更多源于害怕那股愤怒会吞噬掉母亲。孩子的反应大致可以描述为"妈妈失控了，没人保护我了"。这种恐惧状态与所有幼年灵长类动物被母亲抛弃时的体验相似。

"大喊大叫不会要人命"，这话或许在字面上没错，但在孩子生命中的某些时刻，父母的怒火确实会对其成长造成巨大的伤害。

我们并非天生就拥有理解并调节情绪的脑回路，但我们完全能够感知情绪。事实上，由于早期的恐惧体验缺乏将感受融入情境的系统，因此那些原始的恐惧感受毫无节制，也无界限。幼童脆弱而纯真，很容易被恐惧吞噬。

原始的脑回路将母亲的怒火与内外危险紧密联系在一起。这种警报由大脑中的杏仁核发出。杏仁核形似两颗杏仁，由一系列相连的结构组成，位于大脑边缘区域的底部。这里掌管着强烈情感的源泉，包括快乐、欲望和恐惧。杏仁核的核心作用之一就是触发逃跑或战斗反应的生物化学级联反应。简而言之，杏仁核确保我们对危险做出迅速反应。

这一心理警报系统在很大程度上保护着我们。在我们能够有意识地评估情况并确定警报原因之前，我们的身体就已经感受到了恐惧。这种快速反应系统在帮助一个有能力的人应对生存挑战时十分有效，但对年幼、发育中的大脑来说却可能是有害的。当婴儿的脑部频繁遭遇恐惧情绪的侵袭，那些对情感识别与理解至关重要的感受器及其连接的正常发育将会遭受阻碍，进而陷入停滞的困境。幼童经历的恐惧越多，其大脑对冲击的承受能力便越弱。

大脑的情绪管理学习之道

神经科学家与心理学家正日益关注情绪在儿童自我构建与创造力发展中所扮演的核心角色。在婴儿及幼儿阶段，右脑——作为情绪自我的神经中枢——对健康发育而言至关重要。右脑负责处理情绪信息、解读面部表情以及评估新奇或不寻常的情境。右脑发育的关键在于与他人，尤其是与母亲建立亲密关系。母亲通过监控并调节自身情绪（特别是愤怒等负面情绪），为孩子营造一个健康的社会和情绪环境，因为孩子强大神经系统的发育需要免受长期且强烈的压力侵扰。

诚然,所有婴儿都会经历痛苦,但在良好的亲子关系中,他们会逐渐发展出应对情绪变化和适应多变世界的能力。一位敏感的母亲能察觉到孩子的不适、疲倦、寒冷、饥饿或疼痛,并通过声音和手势安抚孩子,使其情绪平复,并与孩子的情绪节奏保持同步。她向孩子传达出这样一个信息:她们可以一起重新找回舒适、安全和人际交往的乐趣。当与孩子进行所谓的"情感对话"或情绪交流时,他便能够构建起一个情绪管理的模型。

一位体贴入微的母亲所带来的视觉、听觉、嗅觉和触觉感受,会深刻烙印在孩子发育中的边缘脑回路中。这种情绪的起伏为孩子情绪复原力的发展提供了宝贵的经验。孩子逐渐学会不为一件事过度沮丧,因为一次压力体验并不等同于世界末日。他逐渐学会将注意力从痛苦中转移,重新聚焦于令人愉悦的事物。久而久之,他学会了抑制焦虑,找到有效的放松方法,释放负面情绪,欣赏并享受周围的环境。

这些教会孩子调节自身感受的互动,产生了一种被称为"破裂与修复"的经历模式。当孩子一次次体验从负面情绪向正面情绪的转变时,其幼小的大脑便会受到刺激,建立起情绪调节的回路和系统。在这些回路和系统形成的过程中,孩子会"借鉴"父母的自我控制能力。

压力环境对情绪管理的阻碍

在整个童年和青少年时期,如果大脑持续被压力相关的化学物质淹没,那么用于洞察自身及他人情绪与想法的社会脑系统的发展便会减缓。试想,若一个孩子的母亲不能积极回应他的情绪或管理她自身的情绪,这将给孩子带来怎样的生理劣势。

在一些家庭中,怒火中烧与脾气暴躁屡见不鲜。连绵不绝的唠叨声——责备、抱怨、哀怨、嘲讽和训斥——此起彼伏。无论孩子做什么,哪怕再微不足道,都可能成为被抱怨或指责的对象。在这样的环境下,坏脾气成了常态,愤怒每次想要突破常态时,都必须不断加码。家庭中的愤怒越多,愤怒升级的可能性就越大。在这种情况下,持续的压力会阻碍孩子理解、反思和调节自身情绪的能力。

在这样的家庭氛围中,孩子很难处理来自他人的情感信号。任何细微的面部表情或肢体动作变化,都可能让他们迅速预测到潜在的威胁。面对大多数人都能轻松应对的情况,他们可能会采取攻击性或防御性的反应。由于无法调节自己的情绪,他们可能会在恐惧、痛苦和悲伤之间摇摆不定，然后又突然陷入一种莫名的平静，接着再次被强烈的危险感淹没。尽管学习之路四通八达，且我们有机会弥补早年错过的知识，但当童年的压力持续存在，降低大脑的可塑性时，学习本身便会变得更加艰难。在持续的压力下，大脑实际上会减弱其成长、学习和适应新应对方式的能力。因此，那些最需要学会如何反思和管理内心世界的新方法的孩子，往往最缺乏这种能力。

亲历父母的愤怒

以下是三位年轻人寻求管理恐慌和焦虑之道的心声。他们描述了身体受到强烈冲击的感受，以及迫切寻找安全之所的历程。

九岁的萨姆在妈妈大喊大叫时会感到"肚子里像有块大石头""我必须一动不动地坐着，否则我的肚子就要裂开了"。等到妈妈不再大喊大叫，他才坐直身子，觉得安全了，"我想象着把所有坏东西都砸到那块石头上，然后把石头埋起来，这样它就能被收起来。我这么做了，就能继续做别的事，因为我不必再背着它。"

十一岁的桑迪说："妈妈生气时，我的喉咙里就像堵了一个大疙瘩，硬得像石头一样。我咽不下去，也说不出话。那感觉比我曾经得过的最严重的喉咙痛还要糟糕。"桑迪想象着用"世界上最美味的冰激凌"把它裹住,想象着冰激凌融化,甜甜地进入喉咙,带给她一种愉悦感。"当我看到妈妈快要真的生气并开始冲我发火时,我就会期待着去想冰激凌。有时候我的喉咙会稍微舒服一点,我也能开口说话,而且我听起来甚至都不伤心。我应该练习这样做,因为这似乎能让妈妈冷静下来。我想着我会说什么、她会说什么。我不知道,有时如果她看到我很伤心,她就会从凶狠变得和蔼,但有时如果我不哭,她就不会对我发火,因为我一哭她就会更生气。"

晚上睡觉前,桑迪喜欢"把事情分类放在盒子里。如果事情很糟糕,我就把文件夹压紧,即使有密码也打不开。我不会告诉任何人,包括我的好朋友,甚至我的小猫。对于好事,我会尽量设置密码,这样我就能记住它们"。

十三岁的劳拉说:"我妈妈生气时就像一场飓风。她经过的地方都会被摧毁。她大发雷霆时,我会试着想说些什么。我自己也很生气,我有一股冲动,想要直接朝她宣泄情绪,有时我真的这样做了。或者,我会逃回自己的房间,重重地关上房门。我的脑海中不停地构思着各种言语和行动,幻想能让她安静下来。无论是踢她一脚,还是用巧妙的话语让她缄默,这些场景在我的脑海中反复播放,挥之不去。"

父母的愤怒虽不至于危及孩子的生命,但在孩子的感知中,这种力量无异于一种身体攻击。在父母没有成为情绪管理的典范的情况下,这些孩子只能自力更生,尝试摸索情绪管理的基本策略。他们竭尽全力,拼凑出一套应对艰难环境的工具,而这一过程笨拙且耗费大量心理能量。

孩子如何管理恐惧

面对家庭中的长期压力,孩子会探索各种自我安抚的方式。由于缺乏父母的情绪管理示范,他们只能求助于其他途径来应对内心的恐惧。

强迫性重复

正如弗洛伊德所言,强迫性重复是管理恐惧的一种常见策略,即不断重复某种经历,以减轻与之相关的焦虑。

弗洛伊德曾观察到他的孙子将玩具从婴儿床中扔出,然后痛苦地盯着远处的玩具,眼中满是渴望。但玩具被一根绳子系着,孩子能够拉动绳子,通过婴儿床的栏杆将玩具拉回。当抓住玩具时,他兴奋得浑身颤抖。然而,他立刻又将玩具扔出,再次痛苦地盯着它。孩子沉浸在这个游戏中,乐此不疲。每当玩具被扔出时,他会说"没了";

而当玩具被拉回并抓住时，他又会说"来了"。

弗洛伊德意识到，孩子在重演他母亲的来去。这个游戏让孩子觉得自己掌控了母亲的动作。但弗洛伊德想知道，如果游戏的目的是享受控制的幻想，那么孩子为何不直接将玩具放在身边，就像他希望母亲能常常陪伴在他身边一样？

最终，弗洛伊德得出结论，这个游戏还有另一个至关重要的目的：通过重复母亲"离开"和"回来"的经历，孩子试图克服与母亲来去相关的焦虑。我们有时会反复在脑海中重现不愉快的经历，以削弱与之相关的情感力量，这一过程被弗洛伊德称为"驾驭"。

然而，强迫性地重复不安的经历虽旨在减轻焦虑，却可能产生截然不同的效果。孩子在想象中倾注大量能量来描绘母亲的愤怒，最终可能会将这种愤怒的声音内化。这形成了一个消耗孩子能量和自信的神经语言程序。诸如"你注定会失望""你总是搞砸"的声音，会成为他们面对每一次负面经历时的自动反应。这种做法不仅未能减轻母亲的愤怒对他们的影响，反而加剧了孩子对自己的持续惩罚。

尝试完善剧本

孩子应对恐惧的另一种方式是，在心中构想各种场景，编写出能够安抚或转移母亲的注意力的剧本。基于无数次目睹母亲的怒火喷发，一些孩子会构想出种种可能的话语或行动，旨在缓和母亲的愤怒情绪。他们反复回味过去的争执，或是预演可能的冲突，一字一句地斟酌，思索着如何扭转这场情绪风暴的局势。我这样说，能吸引她的注意吗？我避免提及那个话题，她的愤怒会不会平息？我保持冷静，她的怒火能否消退？我若是哭泣，她会心生怜悯吗？

当孩子们在脑海中不断重演这些愤怒的场景时，他们往往能更清晰地洞察事情的真相。或许他们能探寻到一个恰当的应对策略，但也有可能这些场景非但没有减轻他们的情绪困扰，反而进一步激发他们的愤怒与愤慨，使情绪如脱缰的野马般肆虐。

筑起心墙

有些孩子会效仿萨姆，用"石头"封锁自己的情感，试图将所有感受深锁心底，以避免痛苦侵袭。筑起心墙即关闭感受的接收器，让身心变成一堵冰冷的石壁。这可以视为对我们感知到危险时体内涌动的刺激的一种防御机制。萨姆关闭了所有情感的通道，摆出经典的"防御"姿态，就像遇到空难时我们被教导采取的"防撞姿势"。萨姆和劳拉都采取了这样的防御姿态，以免自己的情绪被彻底压垮。而桑迪则借助她的文件夹，试图将自己的经历封存起来,不让它们干扰到她与朋友的日常生活。这种策略虽能暂时减轻焦虑,但代价却是冻结了所有的情感。

接受

有些孩子认为父母的愤怒是理所当然的。相较于认为自己有错,他们更难以接受父母失控、蛮横、恶意的现实。相较于理解父母的行为并认定自己应受惩罚,面对混乱和无助的局面孩子更为煎熬。戴安·雷姆(Diane Rehm)在她的自传《寻找我的声音》(*Finding My Voice*)中生动地描绘了这种经历。当她的母亲打她时,她选择了保守这个秘密,因为她觉得自己让父母失望了,挨打是理所当然的。母亲的愤怒以及她表达愤怒的方式,成了女儿心中难以启齿的耻辱。

试图理解他人对我们的反应是人类的基本活动。接受母亲的愤怒,并认为其有理可循,是一种试图理顺这段艰难关系的方式。但这种接受需要付出巨大的代价,因为它意味着我们将他人的冷酷无情视为自己的羞耻之源。

内化愤怒

无论是强迫性重复的困扰,还是接受父母愤怒的方式,都可能导致孩子将母亲愤怒的声音深深内化。每当孩子在脑海中反复回响着母亲的愤怒时,愤怒与自己的想法之间的界限便变得模糊不清。

大多数孩子都会在脑海中一遍遍地回响着母亲的声音。通常,这种内化的声音是安抚和慰藉我们的源泉。我们所想象的话语,最初在我们与父母建立的关系中产生了深远的影响,帮助我们应对失望或缓解不安。"一切都会好起来的""你已经尽力了"或"你不是故意的,那是个意外",这些古老的慰藉之语,帮助我们平复内心的焦虑。然而,那些将母亲的愤怒声音内化的孩子,说出的却是惩罚自己的话语,即使他们已挣脱母亲愤怒的枷锁。在下一节,我们将探讨一些仍在与挥之不去的恐惧做斗争的成年人的案例。

03

愤怒的深远影响

心理学家意识到,累积的恐惧体验会在心灵深处刻下难以磨灭的印记,宛如"隐秘的铭文、凝固的画面或固定的模板"。或许在母亲看来,她的愤怒只是短暂的、微不足道的情绪宣泄,然而对于子女而言,这种情绪却如同乌云蔽日,给他们的整个世界笼上了一层阴影。即便是那些功能强大、独立自主的成年人,内心深处也依然承载着这些隐秘的文字,承载着过往的伤痛。对父母的愤怒敏感,始于婴儿时期的依赖与爱,却并未止步于此。

三十六岁的史蒂夫在反思中说道:"无论我长到多大,每当她大喊大叫时,我仿佛还是那个三岁时的自己。我感到自己被牢牢困住,完全受制于她。一听到那个愤怒的声音,那个曾经完全依赖他人、束手无策的小家伙就会立刻浮现在我的脑海中。当她对我生气时,我觉得自己仿佛一文不值。"

四十一岁的奥黛丽则形容她与母亲的生活就像"在情绪的过山车上起伏不定"。她的母亲常常表现得平静甚至悠闲，然而转瞬之间，世界就变得令人恐惧，一切都能引发她的愤怒。奥黛丽至今仍记得"母亲在厨房里大喊大叫时的恐怖场景"，以及她"如利刃般犀利的眼神"和"嘴角挂着的恶意"。

四十七岁的加布里埃尔回忆道："我永远无法预料到母亲的愤怒会因何而起。但当她生气时，我简直束手无策。我说出的任何话都只会让事情变得更糟。"

三十八岁的罗伯特也感到自己在改变与母亲的互动模式上并不比孩子更擅长。他说道："我站在那里，等待着愤怒的平息，感觉自己就像是一个无助的婴儿。"

情绪、记忆与恐惧的影响

精神分析学家罗纳德·莱恩（Ronald Laing）用"内爆"一词来描述一个人感受到自己整个世界即将崩溃的绝望状态。当我们觉得自己缺乏内在的防御机制时，内爆就可能发生。母亲的愤怒会让我们回想起那些早期的经历，那时我们尚未形成足够的大脑回路来恢复情绪平衡，不得不"借用"或依赖母亲的情绪回路。当我们目睹母亲失去对情绪的控制时，就会触发自己那些无助的记忆。

早期的依赖为我们创造了一个强大的记忆背景。一旦强烈的情绪在大脑的快速反应系统中留下深刻的印记，任何与最初恐惧相关的事物都可能再次触发这种情绪。即使孩子的依赖期早已过去，成年人也可能会像无助的婴儿一样感到焦虑不安。

童年的记忆具有一种特别的生动性。在我们的大脑尚未发展出对日常事物（如桌子、树木和玩具）的"模式"或一般概念之前，我们会极度关注细节。在模式以速度和效率处理观察结果之前，个别事物的特殊性会格外凸显。这正是童年记忆如此丰富的基础所在，因为这些记忆是在大脑学会走捷径去把握地点、人物或行为的核心特征之前被处理的。然而，那些经历过艰难情感环境的孩子往往缺乏这种鲜活的童年记忆。对他们来说，童年记忆可能变得模糊或零碎，因为他们的精力都用来构建防御机制了。

一位愤怒的母亲可能会给孩子的心灵带来特定的创伤，比如身体上的攻击，或是导致长期的低度焦虑。无论是源于一次骇人的经历，还是一种持续性的不安情绪氛围，这种压力都会损害海马体——大脑的记忆存储核心区域。当海马体受损时，那些清晰的记忆片段（如实际的话语、引发冲突的事件，甚至是关于谁打了谁、何时发生的具体细节）便无法被有效地串联起来，进行深入的分析或理解。孩子虽然对那些与压力事件紧密相关的感觉、印象、声音、景象或气味仍然有着强烈的情绪反应，但对于事件的全貌及其发生的缘由却缺乏一个全面的认知。例如，孩子或许已经忘记了自己曾被关在壁橱里数小时的恐惧经历，但任何与这一场景有些许关联的元素——无论是霉味、黑暗，还是门闩的咔哒声——都可能瞬间唤醒他内心深处的恐惧。同样，孩子或许已经遗忘了具体的挨打经历，但任何与那次攻击有所关联的手势或声音都可能成为触发恐慌的导火索。在这种情况下，恐惧感会在大脑的杏仁核中被迅速唤醒（杏仁核是位于大脑深处，负责处理恐惧等快速反应的杏仁状结构），然而由于海马体的受损，那些承载着记忆及其背景信息的区域已无法正常工作，因此，孩子对于让自己感到害怕的具体事件并没有形成有意识的记忆。

在整个童年时期，甚至常常延续至成年之后，父母的愤怒都会被孩子视为一种原始的威胁。大脑的快速反应系统会不由自主地触发早期的无助体验，让孩子如同置身于真正的危险之中一般做出应激反应。如果足够幸运，我们的慢速分析性脑系统会意识到这种愤怒只是特定情境下的产物，并期待在愤怒平息之后能够恢复平静与满足。如果孩子能够认识到母亲通常能够控制自己的情绪，那么他就能更容易地接受日常生活中的起起落落。孩子的大脑中富含应对压力的化学物质受体，这使他具备了应对各种挑战的能力。然而，如果我们生活在一个无法调节自身情绪的母亲身边，那么长期的焦虑就可能扰乱我们自身的情绪管理能力，任何内外部的提示都可能成为引发恐慌的诱因。这在很多方面就如同观看恐怖电影一般，即便你已经预料到会有一个可怕的身影突然跳出，但当它真正出现时，你还是会不由自主地从座位上惊跳起来。

为了化解这种原始的恐惧，遏制那些几乎无法解释的恐慌，我们需要深入了解恐惧产生的背景。那些对自己童年时期的风暴有着具体而详尽记忆的人，往往更具复原力，能够克服大脑生理层面上的不利影响。如果我们能够意识到那些可怕的事件都发生在过去，并且它们并不会一再重演，那么我们就更有可能看到这段糟糕经历的局限性。如果隐性记忆能够转化为显性记忆，它们就能摆脱快速反应恐惧的束缚。

审视父母愤怒的影响

当我们试图理解一位难相处的母亲可能对我们产生的影响时，我们需要回顾过去的经历，并尝试"用心去感受"。简而言之，这意味着我们要关注并反思那些之前未曾正视过的反应和记忆。

首先，描述你对母亲的愤怒的反应，无论是在过去还是现在。

你是否感到害怕？

- 如果是，你能深入挖掘一下这种恐惧的根源吗？
- 你能想象出的最坏结果是什么？
- 你是否曾认为，她的愤怒可能会致命？这种想法是否现实？
- 你是否觉得，只要她一直生气，你就无法正常生活？这种想法是否合理？
- 你是否担心她会因愤怒过度而离世？

当你允许自己沉浸在这些恐惧之中时，不妨试着去验证它们的真实性。

你的恐惧是否基于现实？

- 你能否调整自己的反应，使之更加贴近现实？
  或许，经过深思熟虑，你会发现最坏的结果不过是她会继续大声嚷嚷，持续生气。
  或许经验已经告诉你，尽管她的愤怒有时会升级为身体暴力，但你可以离开房间，保护自己。
- 你是否记得，你已经无数次从她的愤怒中安然度过？

- 你是否经历过无数次与她结束关系及其带来的痛苦感受？
- 你能否从这些提醒中得到安慰，相信自己这次也能挺过去？

接下来，看看你现在对母亲的感觉。

- 你生她的气吗？
- 你是否责怪自己"导致"她生气？
- 你能否思考一下，这种责怪是否真的有意义？（例如，它是否在保护她免受你的愤怒反击？）
- 你是否仍在忧虑或警惕她的愤怒？
- 你是否认为，只要时刻关注她的愤怒，你就能掌控它？
- 你是否发现自己会不自觉地模仿她的愤怒语气？

提出这些问题的目的是让你思考，你是否在将精力浪费在试图控制你母亲的愤怒上，而这些精力本可以更有效地用于调节你对她愤怒的反应。

如果你每次在生活中遇到不如意的事情时，你的脑海中都会回荡起母亲愤怒的话语，那就把这些话写下来。当你读到这些内容时，你可能会意识到，自己其实没必要对自己如此生气。你可能会读到这样的话："那真是个愚蠢的说法，而你总是这么愚蠢，所有听到你这话的人都认为你一无是处。现在你要失业了，你的朋友也会看到你的无能，你再也不会有朋友了。"当你看到自己的想法以白纸黑字的形式呈现出来时，你可能会发现，它们其实非常可笑，而非令人恐惧。

接下来，我们来考虑一下适应母亲愤怒的三种常见反应，并思考这些反应是否也适用于你。

讨好者

一些人已经适应了与母亲之间不可预测、愤怒的关系，他们可能会展现出一种甜蜜、谄媚的个性。他们希望用这种方式来安抚自己在每一次问候和微笑背后所感受到的愤怒。他们的人际交往往往是为了取悦和安抚他人，而非真诚地参与其中。

如果你是一个讨好者，那么在他人怒火熊熊（哪怕只是微露怒色）之际，你可能会感到一股焦虑涌上心头，不由自主地想要上前安抚他们的情绪。你可能会觉得，他人对你发火在某种程度上是情有可原的。在某些情境下，你甚至可能被那些易怒之人吸引，因为你在他们的愤怒中看到了依恋与权威的影子。

为了评估自己是否采用了这种应对策略，你可以问问自己，你所选择的伴侣与朋友是何种类型，以及他们身上的哪些特质对你产生了吸引力。

- 你是否觉得,在挨骂时反而能找到一丝安慰?
- 当面对他人的怒火时,你是否会感到羞愧难当?
- 你是否会过度关注别人的情绪?
- 在人际交往中,你是否总是将维持对方的冷静视为首要任务?

在进行这种情感审视的过程中,你可能会发现,虽然成为讨好者可能源于你曾经历过艰难的人际关系,但这也是你的一种独特技能。或许你在职场上扮演着讨好者的角色,是大家公认的"和平大使"。或许在聚会上,你总是被大家寄予厚望,希望你能出面解决那些棘手的朋友与亲戚之间的纷争。然而,你也可能渴望能够更加自如地掌控自己的情感表达,知道何时该运用外交手腕,何时又能直抒胸臆。你或许希望增强自己的自信心,明白在某些场合下,你有权利坚定地表达自己的立场。同时,你也可能希望减少在安抚他人上花费的精力,将更多的关注投入到真诚的人际互动中。

在进行这种情感审视时,你可能会意识到,虽然你的伴侣容易动怒,但他们的怒火往往并无恶意,且很快就会平息。或许你的伴侣脾气急躁,但这并不妨碍他/她对你关爱有加、鼎力支持。在这样的关系中,你或许已经找到了一个因畏惧其脾气而被他人错过的珍宝。然而,如果你发现伴侣或密友一再让你失望,他们的行为模式让你想起了那些难相处的父母,那么你最好反思一下,自己是否选择了一个能让你再次陷入困境的人。

如果你发现自己会在面对他人的怒火时感到自责与羞愧,那么不妨退一步,冷静思考一下他人发怒的动机,并认识到他们缺乏情绪控制可能是他们自己的问题,而非你的责任。

筑墙者

有些人在人际交往中已经适应了不可预测的愤怒,他们往往在察觉到别人稍有怒意时就表现得冷漠无情——一言不发、拒绝回应,甚至选择离开现场作为防御手段。

我们之所以会变成这样一堵冰冷的石墙,是因为我们害怕自己的任何举动都可能加剧威胁的态势。或者,我们可能会努力表现得"强硬",以此来避免被他人的愤怒伤害和震慑。

虽然从激烈的争吵中抽身而出可以让我们暂时免于攻击,避免做出冲动的回应,但这样的做法往往也会激怒他人。他们可能想和你理论一番,而你的沉默却可能是在回应过去的创伤,而非当下的情境。或许在你的内心深处,每一个激烈的回应都会触发你早年从母亲那里经历过的情感风暴。

有些人能够明确区分过去对母亲的愤怒的恐惧与当前面对他人的愤怒时的即时反应。然而，如果你对所有强烈的情绪都报以冷漠，视其为失控或歇斯底里的同义词，那么你可能会为迅速且恐惧的反应所困扰。

请留意自己对于感知到的情绪线索的初步反应。你能否暂停一下，思考一下他人的情绪表现是否真的会导致一场可怕的情绪风暴？你是否会草率地下结论，认为某人正在生气？你能否给自己一点时间，看看事情会如何发展？你能否调节自己的生理反应（如心跳加速、肾上腺素激增），以更好地应对激烈的交流，并探索除冷漠无情、将自己封闭成一堵无声之墙以外的其他应对策略？

试着想象一下，如果你继续与愤怒的人交往，最坏的结果可能是什么。在考虑了可能的后果（例如，"他会对我大吼大叫""他会瞪着我""他会辱骂我"）之后，思考一下你将如何应对。你可能会发现，你的担忧其实是无中生有，这会增强你在未来继续交流的信心。或者，如果你发现确实存在负面的后果，你也可能会意识到，自己最终有能力去应对。

复制者

心理学家早已注意到，人们往往会重复他们在父母身上观察到的行为模式。有时他们只是模仿父母的行为，但还有更多微妙且难以摆脱的行为重复模式。即使我们以为自己正在摆脱过去的阴影，这些模式仍然会无形中将我们束缚在过去的枷锁中。

或许你认为自己当前最紧迫的任务是摆脱母亲的虐待。然而，你可能会不自觉地寻找一个心理上与母亲相似的人作为伴侣，结果发现自己再次陷入了一个难以处理的情感漩涡。你可能会选择亲近一个情绪不稳定、给你带来熟悉的不适感的人，那个人就像你的母亲一样。甚至，久而久之，你的伴侣或密友可能会变得与你的母亲无异，这可能是因为你在无意识中表现出了一些行为，促使他们像你的母亲那样对待你。

一个关键问题是，如果我们有难相处的父母，那么某些行为在我们看来可能很正常，因为我们可能没有意识到那些本应引起警觉的言辞、行为和手势。然而，在那些习惯于更和谐关系的人眼中，这些行为却会引发警报。有时，如果我们不带着这些熟悉的虐待模式生活，我们甚至会感到不安全。

有时，我们对父母行为的内隐记忆会驱使我们重复那些会让我们感到痛苦的行为。蕾切尔曾说："我不想像我母亲那样。"然而，当她自己也成为母亲后，那些熟悉的言语、语气和反应却再次浮现。

为了评估自己是否有重复父母愤怒模式的风险,请回答以下问题。

- 我是否经常听到内心有一个声音,即使是很小的错误也对我厉声斥责?
- 当我短暂地发泄情绪时,是否担心自己已经把一切搞砸了?
- 当我发怒时,是否会感觉自己在用别人的口吻说话?

如果你对哪怕一瞬间的情绪失控都心怀恐惧,担心其会带来毁灭性的后果,那么你或许是将日常的愤怒发泄与一种截然不同的愤怒情绪混淆了。请留意你的愤怒对周围人,尤其是对孩子的影响。倘若他们的不适只是短暂的,且你们能够迅速恢复到之前舒适的关系状态,那么你就该学会放下,就像孩子已经忘却那次情绪爆发一样。毕竟,孩子天生就具备承受正常情绪波动的能力。

然而,如果你在愤怒时感到自己被无法驾驭的情绪和他人的声音"附身",对自己口中说出的激烈且残忍的话语感到震惊,甚至有过肢体暴力的行为,那么你或许需要专业的帮助,以根据你的具体情况量身定制解决方案。你可能在重复一种根深蒂固的行为模式,需要在他人的指导下学习新的、积极的应对压力的方式。

为何理解很重要

父母频繁的愤怒爆发会在孩子心中留下难以磨灭的阴影。那些觉得父母的愤怒不可预测的孩子，会长期感到困惑、手足无措和压抑。而同时，他们的内心也会积聚愤怒，并渴望自己的愤怒也能产生破坏性的力量。

愤怒并非母亲的专属。父亲、祖父或继父同样也能让孩子生活在随时可能爆发的愤怒中，生活在一种持续的恐惧和期待之中。除了母亲，还有很多人能够营造出糟糕的关系氛围。我们内心最初是通过母亲的反应来构建自我认知的历史的，这使得我们对母亲的愤怒始终保持着一种特别的敏感和脆弱。无论我们年岁几何，或在外部世界中扮演着何种角色，这种敏感都会深刻地影响着我们。当我们理解了这一背景，就能更好地管理自己的情感历史所带来的影响。

第四章
控制型母亲

我曾目睹幼儿、青少年，乃至成年人，在面对母亲坚称自己是他们的需求、愿望和目标的"专家"时，因深深的挫败感而颤抖哭泣。正是这种"专家"知识为她的控制行为披上了合理的外衣。对于那些对自己的经历和感受缺乏信任与兴趣的孩子而言，这种控制无疑会带来困惑、愤怒与背叛感。

回想起自己的童年，我也曾有过类似的经历。在母亲那如钢铁般坚硬的意志面前，我挣扎、喘息，却只能硬生生压抑住内心的愤怒，而她却似乎全然不为此所动。"哼！"她冷冷地观察着我的愤怒，喊道："我要是真听了你的，你才会后悔呢！你真以为我会像那些放任孩子胡作非为的母亲一样吗？"

那时的我无法回答这个问题。时至今日，这个问题依然难以回答。毕竟，坚定与控制之间的界限究竟何在？

当我告诉十四岁的女儿："不，你今晚不能出去。你有作业要做，明天还要上学，而且你昨晚已经出去了。"这时，我是在行使合理的家长控制权，还是过于专制？当女儿抱怨她将错过与朋友们的重要相聚时光，并坚信自己可以在早晨的自习时间完成作业，而我仍坚持拒绝时，我是在坚守原则，还是在过度控制？

家长难道不应该坚强果敢吗？教导孩子有些事情是不能商量的，这难道不重要吗？必须让孩子明白，有些行为是绝对不能容忍的。对于一个冲动的青少年而言，在学会自控之前，家长的管控是有益的。管控无疑是优秀家长职责的一部分，而非难相处的父母的特征，对吗？

然而，权衡、评估孩子何时需要管控、何时需要自由，是家长必须面对的最艰难的挑战之一。即使管控的目的是为了保护和引导孩子，孩子也可能会抱怨家长的管控过于严苛。但如果不加以管控，孩子的欲望和冲动可能会让他们陷入巨大的风险之中。青少年会抱怨家长"像对待小孩子一样"管控他们，或是通过管控"毁了他们的生活"，而这正是家长最不愿看到的。区分积极管控与"控制欲强"的关键在于具体情境的评估。父母设定的规则和期望是否随着孩子的成长而灵活调整？管控的手段是什么？是否合理？解释是否清晰明了？还是像在进行一场无休止的战争，命令如同子弹般不断射向孩子那所谓的"任性"？管控是否伴随着带有严重后果的恐吓？是否对孩子的需求和目标视而不见？是否对孩子的判断嗤之以鼻，比如用"你以为你多聪明啊"或"你以为你是谁啊"这样的话来嘲笑孩子？家长是否总是贬低孩子的观点，甚至可能以自身经验更丰富为由提醒孩子——比如用"我吃过的盐比你吃过的饭还多"或"我看你犯的错误已经数不胜数了"这样的话来压制孩子？或者，管控可能以看似善意的方式施加，让孩子感觉需要家长的不断介入。但即便是以温柔的方式，过度的管控也传递着同样的信息："我不相信你能够自主决策。"

本质上，控制欲强的家长将孩子的个人意志视为必须摧毁的障碍；而坚定的家长则致力于保护和引导孩子的意志，让其保持完整。

用恐惧来管控

家长有责任确保孩子的安全和福祉，教导孩子认识到某些行为的危害性。当孩子伸手去拿刚从烤箱中取出的炖锅时，母亲喊道："别碰那个！你会烫伤的！"她的喊声可能会让孩子哭泣，但也给孩子上了宝贵的一课。然而，这些必要的教训也可能被滥用。在我对母亲与青少年的研究中，我逐渐意识到，威胁常被用作合理管控的替代品。十六岁的苏西问母亲能否外出，母亲塔米却反问："你这是什么意思？天这么黑还要跑到街上去？你想被抢劫吗？"

许多家长在气急败坏时常常寻求捷径，直接发号施令而不加解释，要么是因为他们已竭尽全力传授智慧与逻辑却收效甚微，要么仅仅是因为他们疲惫不堪、时间紧迫，或是已经忍无可忍。然而，当威胁成为家常便饭，成为亲子间主要的交流方式时，胁迫便会渗透进亲子关系的根基之中。这些惯常的威胁传达出三重信息：首先，它们预言了可怕的后果——"你会后悔的""你会为此付出代价"以及"你根本不知道自己将面临什么"；其次，它们无理地声称家长的控制对孩子的幸福至关重要；最后，当信息的第三部分表明孩子的愿望和需求注定是危险且有害时，实践与道德指引便蜕变成了一种巫术。家长如同倾倒熔岩般向孩子的内心世界注入轻蔑，孩子开始对自己的内心感到恐惧。于是，孩子面临两难境地：是反抗父母的控制，让自己置身于自身感受的危险之中，还是屈服于父母的控制，放弃自己的愿望和目标？

轻蔑式控制

在 2009 年的电影《珍爱》（*Precious*）中，十六岁的克莱丽斯·"珍爱"·琼斯（Claireece Precious Jones）生活在一个充斥着命令与辱骂的家庭环境中。她刚踏进家门，父母就命令她做饭、打扫卫生、照顾他人的需求。父母还骂她"是个笨蛋，没人想要你，没人需要你"。还在上初中的珍爱已经怀上了第二个孩子，被父母当作仆人、出气筒、替罪羊，以及满足他们残暴欲望的工具。珍爱自身的需求在父母的思想或行动中从未得到体现。这部电影深刻且令人不安地描绘了性虐待、身体虐待及精神虐待的种种景象。它大胆地刻画了轻蔑与控制之间如何相互作用：父母可能会以轻蔑为盾牌，为自己的控制行为辩护——你的需求、愿望和观点都一文不值，因此，我作为父母，对你的控制是完全合理且正当的。

十四岁的埃尔莎的经历与珍爱截然不同。尽管没有遭受身体上的虐待，但她却饱受母亲拉维尼亚无休止的控制与批评的折磨。这对母女的对话模式几乎固定不变：拉维尼亚发布命令，埃尔莎试图反驳，而拉维尼亚则通过重复并加强命令，同时夹杂尖锐的批评来回应埃尔莎。例如，拉维尼亚要求埃尔莎打扫房间，埃尔莎回应说稍后会做，但拉维尼亚却坚持要求她立即行动，不仅要确保房间整洁,还要将干净的衣服整齐地放在抽屉或衣架上,并彻底清扫地板。她严厉批评埃尔莎动作迟缓且懒惰。埃尔莎则盯着电脑屏幕,假装对母亲的批评充耳不闻,于是,拉维尼亚命令她关闭电脑、禁用手机,并要求她用健康早餐替换掉不健康的选择。当埃尔莎开始整理房间时,拉维尼亚紧跟其后,不断监视并指挥:"先把毛巾拿起来。我之前就告诉过你,要把毛巾挂在栏杆上,而不是放在床尾。我跟你强调过多少次了?现在你得赶紧行动起来去上学。你又想迟到吗?再一次?你是不是又想让我给老师写请假条?回家的路上顺便去邮局,是回家路上的那个,不是萨迪家附近的那个,千万别忘了把我的包裹寄出去,否则看我怎么收拾你。"

每一条指令本身看似合理,但累积起来,却令埃尔莎感到极度沮丧和屈辱。指令如潮水般汹涌而至,铺天盖地,让她喘不过气。"她那样说话时,我根本无法思考,"埃尔莎向我倾诉,"她夺走了我的思考能力。什么都没剩下,只有她的话在我耳边回响:砰,砰,砰。"

两难抉择:发声还是逃离

拉维尼亚坦诚地告诉我,她在以爱的名义进行控制。

她担忧埃尔莎"性格过于倔强",这种固执可能会"毁了她"。学校有时会向她反映埃尔莎旷课的情况。拉维尼亚怀疑年仅十四岁的女儿有性行为,并试图引导和保护她。然而,这种引导和保护却是通过下达命令、批评以及用冷嘲热讽来否定她的观点来实现的。

埃尔莎面临着艰难的选择:是向母亲表达反抗,还是逃离这种真正的亲密关系。如果她选择反抗,虽然坦诚面对了自己的感受,但冲突只会进一步升级。她的母亲应对冲突的方式就是压制。每当埃尔莎试图发声时,都会受到更加严厉的控制。因此,她选择了逃离这种真正的亲密关系。她表面上遵从母亲的许多要求,但私下里却完全不把这些要求当回事。她维持着一种表面的和谐,"妈妈看着的时候我就听话,能躲过一劫就躲过一劫"。她为旷课和彻夜不归编造各种借口。"我妈妈根本不了解真正的我,"她说道,"通过隐藏真实的自己,我勉强能够度日。"

撒谎成了抵抗母亲控制的常见策略。这是一种在不完全顺从的情况下避免"麻烦"和公开冲突的方式。在这种情况下,撒谎变得如此普遍,以至于孩子无论大小事情都会撒谎,即使撒谎并不能带来任何实质性的好处。他们可能会虚构自己的行踪、所作所为乃至所思所想,其背后的潜台词是:"为了争取自由,去做我喜欢之事,结交我心仪之人，或是从无尽的命令中解脱出来，我必须向母亲隐藏真实的自我与内心的声音。"然而，撒谎也意味着做出了逃避这段关系的抉择，而非在关系内部积极调整，以适应自我需求。埃尔莎选择通过隐匿真我来维持表面的"和平"，而非与母亲协商，以期达成更加和谐的关系条款。她通过隐藏来维系和谐，通过逃离需要双方共同参与的真正的亲密关系来保全这段"关系"。

在其成名作《我母亲/我自己》（*My Mother, Myself*）中，南希·弗莱迪（Nancy Friday）描绘了她的母亲拒绝接纳女儿的个性与性取向，导致母女间难以建立真正的亲密联系。相反地，她的母亲通过否定她的感受与欲望来实施控制，使得两人的关系充斥着欺骗与不信任。弗莱迪面临的选择是：要么压抑自己的性自我及与欲望相关的冒险精神和自信，要么在母亲那里寻求信任与慰藉。最终，双方选择了互相欺骗："我总是对妈妈撒谎，而她也对我撒谎。"弗莱迪在反思中哀悼那份本可能存在的、母女间坦诚相待、平等交流的机会，这一机会已悄然而逝。对于南希·弗莱迪而言，如同埃尔莎一样，撒谎是一种妥协策略，通过展现虚假的自我来避免冲突。此外，弗莱迪还指出，撒谎并非单方面的，一个无法与孩子真诚的声音产生共鸣、却又声称爱她的母亲，其实也在撒谎。

孩子无需也不应期望得到母亲对他们每一个愿望的

认同。他们需要父母帮助他们调节冲动行为。孩子必须学会忍受挫折，培养耐心，并将长远的愿景置于即时满足之上。然而，当父母将孩子的意志视为洪水猛兽，将孩子的内心世界视作堕落之源时，孩子往往会陷入深深的困惑与自我质疑之中。控制欲旺盛的父母对孩子的美好特质非但不会表现出好奇与喜悦，反而一味地向其灌输内疚感。他们非但不愿成为孩子成长路上的共鸣者，反而扼杀了与孩子之间一切可能的共鸣。这些父母自诩为孩子的性格专家，对孩子的欲望与需求了如指掌。他们以专家的身份自居，拒绝倾听孩子的声音，更拒绝从孩子身上汲取新知。他们将自己定位为孩子的导演与控制者，精神分析学家爱丽丝·米勒（Alice Miller）将这种意图摧毁孩子意志的复杂行为，一针见血地称为"毒性教育"。

谁是我的故事的主宰者

神经科学家安东尼奥·达马西奥（Antonio Damasio）对核心自我与自传式自我之间的界限进行了深刻的剖析。核心自我深深植根于个人的反应与欲望之中，这些感受对我们而言，既深刻又独特。我们的大脑天生具备观察周遭世界的能力，无时无刻不在记录所见所闻，并为这些经历赋予意义，尽管这往往并非出于意识层面的操控，而是情绪与身体的自然反应。达马西奥将其形象地比喻为一部在我们体内持续放映的电影，我们对这部电影的感知为我们提供了时间与空间的连续性：这就是我们的感受、我们的记忆、我们的身份，以及我们的变迁轨迹。

自传式自我则是我们听闻或讲述的关于自己的更为公开的叙事。自传式自我易于遭受扭曲与否认的侵扰。有时，我们与周遭的人共同编织关于自我的虚假叙事。一旦我们沉迷于这样的虚假叙事，我们内心真实的欲望和认知与自我形象之间便会严重脱节。一般而言，当我们决定未来的道路时，会不断修正和完善自己的自传式自我。然而，在这个过程中，重要他人（特别是母亲）可能会成为阻碍。

孩子们总是乐于聆听自己童年的故事，并常常依赖父母来了解自己和家庭的过往点滴。当父母为孩子的自传式自我填补空白时，孩子会学会如何叙述故事，使其充满意义和趣味，以及如何将不同的事件和行动串联起来。然而，孩子同样需要自由去书写属于自己的故事——一个由不断成长的核心自我所塑造的故事。在理想状态下，自传式自我应由核心自我塑造，并能进一步丰富其核心内涵。一旦父母对这一微妙的互动过程进行干涉，孩子就会感到自己被困在父母僵化的自传式自我之中。此时，核心自我的意识会变得迟钝、阴郁，孩子也会开始与自己独特的内心体验产生隔阂。

控制欲强的父母会试图同时掌控孩子的核心自我和自传式自我。他们的反复干涉会打乱孩子每时每刻的体验，命令孩子看什么、感受什么、想要什么，不断侵扰孩子对每一刻的自主感受。随着父母对孩子所有权的意识愈发强烈，孩子会逐渐失去与自己的内心世界的联系。随之而来的问题是：为何我的父母不愿修正他们对我的看法？我必须遵循他们的故事才能得到认可吗？他们真的比我更了解自己吗？我是否有能力知道自己想要什么？

通常情况下，孩子总会抗拒父母试图成为自己想法的主宰者的行为。"我从七岁起就不想要那个了！"这样的反驳往往生硬、笨拙，尤其是在孩子处于青春期的时候。但在这份生硬和笨拙之中，蕴含着勃勃生机。孩子不断成长，对新的可能性充满渴望。"请用新的眼光看待我，"儿女恳求道，希望父母最终能够从全新的角度看待自己。父母不可能总是欣然接受这些要求，但控制欲强的父母会将它们视为罪恶。

家长健康而必要的控制与有毒的控制之间的区别，在于控制的性质、焦点和目的。健康的控制旨在塑造基本价值观，制定具体规则，但它基于广泛的倾听，并尊重孩子在成长过程中逐步具备的能力。而难相处的母亲的控制则源于一种执念,这种执念每天都在暗示孩子:"我知道你是什么样的人,而你自己却不知道",或者"我需要你成为这样的人,这比你自己的意愿更重要"。

以纠缠作为控制手段

控制并非总是强制性的。有时,它悄然潜入,牢牢掌控,却毫无外在的残忍迹象。父母只是简单地将孩子的想法和感受据为己有,然后给孩子两个选择:要么按照父母要求的形象塑造自己,遵从父母不断的指令;要么成为父母焦虑和不满的源头。这种父母并未倾听孩子的暗示,反而将孩子的心智视为容器,试图用自己的想法和情感去填满它。父母并未敏锐地洞察孩子日益丰富的内心世界,反而将自己视为孩子心灵的守护者与掌控者。他们传递的信息是"我需要你这样思考/感受",而且"不容你有任何改变"。

为了取悦这样的父母,孩子不得不发展出精神分析学家唐纳德·温尼科特(Donald Winnicott)所描述的"虚假自我"。这是一个由父母撰写的自传式自我,完全按照父母的意愿塑造,与孩子的核心自我严重脱节。有时,控制欲旺盛的母亲甚至未意识到她与孩子之间的愿望有何不同。有时，母亲自身的不安全感让她难以信赖孩子的本能。自我怀疑使她坚信，若没有她无微不至的监管，孩子便无法正常运作。无论何种情形，一旦模糊了父母和孩子的需求与目标，最终都会导致纠缠不清的关系。母亲或忽视或边缘化孩子的感受，因为她未曾意识到自己并非孩子最终的权威。当她对孩子的每一丝感受、每一个想法或情绪都进行监视并做出评判时，原本的关心与关注便蜕变成了强迫，因为她认为孩子的内心世界不过是她内心世界的附庸。

纠缠不清的关系给孩子带来了极大的困惑。孩子们天生对自己的个性感到愉悦。他们探究并思考自己与亲近之人的相似和不同之处。当他们渴望拥有属于自己的空间时，他们所寻求的便是一个不受干扰的反思环境，以明确个人的边界与联系。当母亲未能意识到孩子是一个独立的个体时，孩子便开始质疑自己的主观体验：当我的母亲"知晓"我的感受，并声称它们与我所认为的不同时，我的感受还能是真实的吗？难道因为我的核心自我无法被她接受，对她而言我就成了一个陌生人吗？

以下是三个快照——两个青年人，一个青少年——他们努力探索自己的内心，却因母亲认为她已替他们知晓一切而深受阻碍。

第四章 控制型母亲

克雷格是一名刚退役的海军陆战队队员,正努力适应平民生活。二十三岁的他渴望得到母亲的支持与理解,但母亲始终对他抱有"高标准",且"拒绝倾听他内心的挣扎"。虽然他受过训练,能够不顾个人安危行事,但这种关系困境却让他感到恐惧,他坦言自己"无法忍受"。他母亲的"空洞的眼神和紧闭的双耳"让他"感到恶心、空虚,仿佛陷入了无尽的自由落体"。

加里十九岁,正努力从大一考试的失利中走出,但他的母亲坚持认为"他一直都想成为一名数学家",因此改变方向对他而言是不可能的。她将他的失败归咎于诸多因素:他的女朋友、他最近患的流感、他没有遵循她为他制订的学习计划。加里表示,她从未考虑过"我试图告诉她我真正想做的事情。我问她:'你为什么这么说?'然而,一分钟后,我就被她接二连三的命令淹没了。我无法思考。我无法感受。我所看到的只有她如钢铁般坚硬的意志。"

当家庭遭遇变故时,原本舒适的平衡状态可能会被打破,从而引发一段艰难的关系。乔尔的父亲曾是十四岁的乔尔与强悍的母亲之间的缓冲。在乔尔的父亲去世后,他与母亲保拉面对悲伤的方式截然不同。

> 保拉选择毅然前行，将过往的部分生活片段尘封，这样的态度却难以与乔尔那截然不同的情感节奏相协调。她向乔尔断言，他的抑郁是一种疾病，并安排他接受心理治疗师的帮助。保拉不允许乔尔按照自己的方式去排解悲伤。"我不知道自己的感受，"乔尔坦言，"我甚至不清楚自己是否还拥有感受的能力。妈妈仿佛在我与我的感受之间筑起了一堵墙。"

在一段健康的关系中，母亲的回应能够助力孩子将思绪与情感内化、理解、反思，并置于恰当的情境之中。相比之下，控制欲强的母亲则会将孩子的思想与情感视为己有。

控制文化下的育儿模式

在引导孩子适应控制文化的过程中，父母可能会试图摧毁孩子的自我意识。

"孩子需要具备哪些特质才能在社会上立足？"这是每位家长都会深思的问题。通常，这个问题涵盖广泛，答案多元。在考量特定时空背景下可能发生的情况时，还需兼顾孩子不断演变、拓展的冲动、倾向与才能。一般而言，这个问题会开启一场漫长且灵活的对话，随着孩子的成长而不断调整。然而，当父母仅聚焦于自己僵化的目标与理想时，孩子便会陷入困境。一方面，父母真心认为自己在为孩子打算；另一方面，他们却全然不顾孩子的个人意愿。"什么对我的孩子而言才是最好的？"这一问题随后僵化成一个框架，表面看似充满关爱，实则掩盖了对孩子核心自我的忽视。

在竞争激烈的社会中，拥有技能、天赋、经验，受过教育与培训的人为成功而相互角逐。一些父母通过持续的课外辅导、艺术课程、体育训练及有组织的娱乐活动来控制孩子。他们以孩子的最佳利益为借口，为自己的控制行为辩护，但孩子所感受到的可能截然不同。父母的利益变得僵化，双方之间的斗争演变成一场意志的恶性较量，而强制性的灌输可能会耗尽并剥夺孩子自身的想象力与自我意识。

性别规范历来是父母控制孩子的焦点。父母自身可能也陷入两难：一方面想施加严格的约束，另一方面又担心未能成功引导孩子融入社会规范。在短篇小说《缠足客》（*A Visit from the Footbinder*）中，艾米丽·普拉格（Emily Prager）描述了一位母亲与姑姑如何对一名六岁女孩施加伤害，让那双活泼健康的脚遭受缠足的折磨。这个六岁女孩的脚弓被折断，脚趾被紧紧缠在脚底下方，导致她终身痛苦与残疾。她的母亲监督着这一过程，坚信这样的控制是为了女孩的最大利益。作为秉持"拥有天足的女孩难以嫁人"这一文化偏见的"权威"，这位母亲对女孩的抗议无动于衷。

社会规范还通过切割生殖器（有时被称为女性割礼）来诱使父母实施残酷的控制。艾丽斯·沃克（Alice Walker）和普拉迪巴·帕尔马（Pratibha Parmar）在《战士印记》（*WarriorMarks*）中探讨了母亲们通常维护的社会与宗教习俗。她们打着爱的旗号，成了对女儿实施残酷控制的帮凶。孩子那令人心碎的被背叛感被忽视；她的抗议被视为不合法的；她的反抗被斥为"任性"或"恶劣"。在这样的环境中，母亲仅仅构成了孩子生活中众多"难关"中的一个，而母亲本身亦处于他人的掌控之下。然而，从孩子的视角出发，母亲往往是他们寻求庇护与安慰的坚实依靠。一旦母亲的角色转变为控制者而非守护者，孩子的内心便会承受沉默与愤怒交织的双重重压。

缠足与女性割礼无疑是强迫控制的明显例证，但当代文化中仍隐藏着一些较为隐蔽的控制手段。某些看似慈爱的母亲，在引导女儿融入一个对她们的性自由与智力生活施加严苛限制的社会时，可能会切断至关重要的情感沟通。为此，母亲可能会采取控制手段，并惩罚女儿的自我主张、坦诚直率、个性彰显及诚实品质。

同样，男性规范也可能促使父母采取"毒性教育"。当母亲为儿子将来成为真正的男子汉做准备时，她可能会劝阻儿子不要与她亲昵；当儿子流露出恐惧或悲伤时，她可能会表现出失望甚至嘲笑。从在操场上独自面对挑战到承担军队中的职责，母亲希望儿子能表现得像个男子汉，担忧儿子的温柔与脆弱会损害他的社会地位。她认为，如果儿子不遵循男性的独立、勇敢与攻击性规范，就无法茁壮成长，因此，她可能会割断与儿子之间的情感纽带，以"塑造一个真正的男子汉"。无论是对于女儿还是儿子，父母对社会规范的强加，常常使孩子陷入控制型母亲的两难困境："要么符合这个模板，要么就令我无法接受、令我失望、令我憎恶。"

审视我们的关系及其影响

每位母亲都是独一无二的个体，拥有各自的历史背景、价值观、特质与性格。她们对于孩子应该如何行事、如何表现，以及何种事物适合孩子的天赋、兴趣与需求，都有着坚定的看法。这种基于长期亲密互动的母性知识，需要灵活调整与更新，以保持其真实性与适用性。随着孩子的成长与进步,声称了解孩子的父母必须通过广泛的倾听来紧跟孩子的步伐。当孩子感受到被忽视、声音被淹没,或父母试图掌控他们的人生轨迹时,他们便容易陷入自我怀疑与迷茫之中,他们的核心自我甚至可能在自我认知中变得模糊。

若你正处于父母控制的困境之中,你可能会经历一种自我怀疑的情绪,觉得自己的愿望似乎不再值得追求,而独立决策的前景则让你感到焦虑不安。

- 当你面临决策时,是否常常感到僵硬或恐惧?
- 在面对诸如选择哪趟车、在餐厅点何种菜肴等小事时,是否总有一个严厉的声音在耳边警告?
- 你是否经常询问自己对某件事情的感受,却一时之间无法找到答案?
- 你是否总觉得别人会在意你做出的决定,无论大事小情?
- 你是不是经常担心别人会怎么评价你?
- 你是不是发现说谎比说真话要容易得多?
- 你是否觉得你有很多关于自己的方面尚未开始考虑,更不用说去发展了?
- 当你被要求跳出固有思维时,是不是容易感到惊慌或一片空白?

如果你正值青春年华，那么对这些问题的肯定回答或许只是青春期的烦恼之一。若你最近做出了一些令人遗憾的人生决定，那么对以上三个或更多问题的肯定回答，可能只是你对近期某个困扰事件的短暂反应。然而，如果这些自我怀疑的迹象已深深扎根于你的性格之中，那么你就需要审视一下，自己是否仍在与一个控制欲强的母亲所带来的困境斗争。

即便你已成年，有了自己的家，摆脱了母亲对日常琐事的直接控制，但这种困境可能已经内化为你的一部分。然而，在人生的任何阶段，你都有机会获得新的理解，从而学会如何管理自己的反应。通过与父亲、兄弟姐妹、朋友或恋人的亲密关系，你可以找到倾听者，发展自我反思与表达的能力。当你能够识别出与母亲关系中的难题，并意识到这些难题对你的影响时，你就能够增强自己抵抗其负面影响的力量。

通向复原力的道路并无捷径，但回归本真，明确自己的真正所求，思考自己的真实想法，或许是一个良好的开端。第一步是观察、思考与倾听自己，注意什么吸引你，什么让你感到轻松自在。"心系于心"——关注你每时每刻的观察和感受——可以帮助你填补那些内心的空白。

在与母亲控制的博弈中，你也可能收获了许多积极的品质。

- 你是否会在深思熟虑并确信能捍卫自己的观点后，才表达自己的想法？
- 你是否能够评估他人的固有观点，然后冷静考虑如何在决策时忽略这些判断，或者找到绕过它们的方法？
- 你是否能够在保持故事整体框架不变的同时，灵活地调整你向他人讲述的故事细节？
- 你对控制欲强的人会作何反应？你会避免与这样的人成为密友，还是特别容易被控制欲强的人吸引？

如果这些品质与你相符，那么你很可能不仅成功应对了困难关系的挑战，还将这些宝贵的教训转化为实际行动的力量。

第五章
自恋型母亲

当婴儿在母亲的注视下,察觉到母亲眼中闪烁着好奇与喜悦的光芒时,他们便初次感受到了与人建立连接的乐趣。在人生的旅途中,尽管我们会遇到形形色色的人,他们都在一定程度上塑造着我们的自我认知,但最初那种与母亲建立的深厚联系却有着无可比拟的影响力。"看我,"孩子在独自推动秋千时会这样呼喊,"快看!"而当他们完成一幅拼图时,又会兴奋地叫喊。无论是在绘画、搭建积木、奔跑时,还是尝试自己切割食物的过程中,孩子们都在渴望着父母能够关注并欣赏他们成长中的自我。

随着年龄的增长,我们渴望得到的回应也变得更加复杂。我们逐渐变得挑剔且苛求。我们会觉得"你怎么都没在关注我!"或者"这是我的隐私,别管闲事!"。到了青少年时期,我们更是对父母看待我们的方式提出了挑战。

青少年常常埋怨母亲"她根本就不懂我""她从来都不听我说话""她根本理解不了我",这些充满高期望与挫败感的话语,在青少年的交谈中屡见不鲜。青春期的孩子渴望母亲能够更新对她眼中那个曾经稚嫩的孩子的印象,然而,有时候,这些内心充满矛盾的孩子又会固执地认为,母亲永远无法深入理解他们复杂多变的内心世界。他们既怨恨父母无法窥探到他们内心的真实想法,又迫切地渴望拥有更多的个人空间与隐私。无论我们年龄几何,对于母亲的看法,我们总是格外敏感,她的目光始终是我们生活中的一个参照点。

然而,当这种映照的过程被母亲自身的需求、恐惧或局限性扭曲时,孩子们便失去了一个至关重要的自我反思的源泉。在本章中,我将深入探讨那些要求孩子将自己的理想化形象映照出来的母亲,这种母亲希望孩子能映照自己,并以理想化的、夸大的方式呈现出来。

有一百七十六个人描述了自己与难相处的母亲之间的困境经历。在过去十五年里,这些人参与了我关于青少年与父母、成年人与父母的研究。在这一百七十六人中,有三十五人(略超过百分之二十)详细描述了与难相处的母亲打交道的经历。而在这三十五人中,又有十一人(接近三分之一)所描述的母亲的行为,明显带有"自恋特征"。

大自我还是脆弱自我

在希腊神话的篇章中,那喀索斯,一位俊美的青年,沉醉于自我容颜之中,竟至无法将爱意或欣赏投射于他人。终有一日,他向池中自己的倒影伸出双臂,不幸溺毙,成为永恒的悲剧。

在日常语境中,"自恋者"一词常被用来描绘那些以自我为中心、谈话总不离自我的人。他们往往严重高估个人成就,夸大自己在他人心中的分量。尽管他们外表展现出一种近乎完美的优越感,但这种优越感实则脆弱不堪,需不断加固。他们渴求赞美,却又时刻警惕着任何可能削弱这份赞美的蛛丝马迹。对于那些同样渴望关注、地位或赞誉的人,他们心怀嫉恨。在他们眼中,他人的自大无异于挑衅。

每个人心中或多或少都藏有自恋的种子,有时,这被视作自爱(amour propre)。自恋的健康表达便是自我价值感。当我们期待他人注意我们的成就,当我们因他人的夸赞而心生欢喜,无论是因饭菜美味还是外貌出众,我们都在广义上满足着自恋的需求。当我们为完成的工作感到自豪,我们其实是在享受一份健康的自恋。

在人生的某些阶段，我们比其他时候更渴望外界的认可来强化自我价值感。当我们情绪低落时，我们可能需要更多的关注。如果一位母亲在其他方面缺乏支持，她可能会向孩子索取更多的关注和赞赏。从广义上说，自恋，即渴望被看见、被欣赏，这是人性的一部分。

然而，当对认可的渴望超出健康范畴，这类自恋者常被视作自我意识强烈，但在临床心理学中，"自恋者"一词却用来描述那些自我意识异常脆弱的人。尽管大多数被临床诊断为"自恋型人格障碍"（NPD）的患者都是男性，但自恋型母亲所带来的独特挑战，却源于孩子对母亲的天然关注与共情需求。

典型的自恋者在狂妄自大与极度不安间摇摆不定。一旦受伤、被羞辱或感到空虚，便会启动防御机制。她会迅速反击任何她认为可能剥夺她所渴望的崇拜的人。她会密切监视他人的言行，寻找批评或不尊重的蛛丝马迹。任何不将她视为偶像的行为都是对她的冒犯。她极易将无心之言解读为缺乏欣赏或尊重，许多看似平常的对话都可能激起她长久的怨恨。她会将大多数人视为中性的言论视为对她的诽谤或侮辱。当他人表达观点时，她可能会愤怒地认为，自己在该话题上被剥夺了唯一和最终的发言权。她甚至不惜一切代价卷入激烈的争论，以此宣泄愤怒，惩罚那些不承认她的优越感的人。在愤怒的洪流中，她对他人充满轻蔑与鄙视。其潜台词是"你或许自以为不凡,但我对你唯有轻蔑,因此,我凌驾于你之上"。

与自恋者相处绝非易事。尽管外人可能觉得他们的愤怒反应过于激烈,但在他们心中,这种愤怒却是理所当然的。试图与他们讲理可能会进一步激怒他们。与他们意见相左便是冒犯。他们内心的预设是:任何不坚定崇拜他们的人,都是在攻击他们。

在自恋者的心态下,母亲难以向孩子展示健康关系所需的相互性和反应性。她不会映照孩子的内心世界,反而要求孩子映照她夸大的自我形象。每一次寻求关注的尝试都变成了一场竞争。例如,当孩子抱怨疲惫或失望时,可能会听到这样的话:"别跟我提累,我都快累死了。我整天辛苦工作,你哪里知道真正的累是什么滋味!"或者"我不想听你抱怨失望,你应该想想我经历过什么"。

但她同样将孩子视为自己的一部分,因此孩子必须出类拔萃,方能匹配她的期望。孩子既需承受母亲的优越感带来的压力,又需遵循她的高标准为她争光,这给孩子带来了巨大的心理负担。在这种复杂而艰难的关系环境中成长的人,早已习惯了情绪的波动、内心的困惑以及无尽且令人费解的要求。面对这样的困境,孩子们通常会采取两种主要策略来应对:一是顺从,二是反抗。

安抚自恋型母亲

孩子们天生就渴望取悦父母。尽管两岁的孩子可能任性，七岁的孩子可能顽皮，十五岁的孩子可能傲慢，但他们始终相信，当父母对他们感到满意时，他们会更加快乐。如果母亲要求孩子崇拜她，孩子起初可能会选择顺从。然而，自恋者的需求是永远无法满足的。他们对关注和崇拜的渴望源于不稳定的自我认知，任何满足都只是暂时的。这种"满足我，否则我会鄙视你"的困境，让孩子不得不持续付出努力。无论孩子如何努力，通过顺从获得的任何成功都只是短暂的，他们始终无法摆脱被鄙视的阴影。

自恋者看似对自己的价值充满自信，但实际上却感到自己正处于崩溃的边缘。这种内心的脆弱使得他们的关系变得岌岌可危。自恋型父母的孩子常常感到整个关系随时都可能破裂，因此他们时刻警惕着，以免无意中冒犯母亲。特别是在青春期，孩子日常的挑战和批评对自恋型母亲来说构成了巨大的威胁，她很可能会以痛苦和愤怒来回应，认为她的孩子没有给予她应有的爱和尊重，认为她的孩子不值得她爱。由于自恋型父母的孩子经常目睹母亲因为朋友、邻居和兄弟姐妹在某种程度上"侮辱"了她而被她排斥，因此他们深知被排斥的可能性是真实存在的。

许多孩子试图安抚父母那无法控制的自恋情绪，他们奉承母亲，表现出顺从，将母亲的感受放在首位。然而，即便付出了最大的努力，这种取悦也只能带来短暂的满足，整个关系仍然不稳定。三十二岁的桑德拉对母亲的自尊心从膨胀到萎靡的变化记忆犹新、历历在目。

"当我说出恰到好处的话时，她就会振作起来，爱和温情似乎从她的嘴里和眼睛里流淌出来。当我还是个小孩子的时候，这让我很兴奋，但我很快就发现，她那汹涌的爱会迅速转变成滔滔不绝的辱骂。我做的或说的某件事总是会冒犯她，然后她的整个身体都会颤抖。我现在还记得她当时的样子：深吸一口气，抬起下巴，脊梁骨绷得紧紧的。她的眼睛变成了锋利的武器，残酷无情，因为在她看来，我活该承受她想射入我心脏中的箭。她还没开口我就知道她要说什么：'你怎么敢这样？''你以为你是谁？'，当然，还有'如果你敢这样对我，你就得离开这个家'。"

尽管桑德拉在许多方面都表现得很有能力和自信，但她内心某处仍然容易受到母亲轻蔑的影响。许多自恋型母亲的孩子的内心深处往往会内化一种高度批判的声音，这是他们母亲言辞的深刻烙印，如同一种神经语言程序，深深地刻印在他们的脑海中。每当他们感到有些不对劲时——无论是一场对话中的小尴尬，还是日常技能中的小差错，这个自我批评的声音便会悄然响起。桑德拉描绘了这样一种自我苛责的声音:"我不断地骂自己是'笨蛋'和'废物',我告诉自己,我什么都不配拥有,终将面对失败的结局。"

当这种内在的神经语言程序失控,自恋型母亲的孩子会经历一场"内心崩溃"——这是一种全面的内心打击,尽管其起因可能微不足道或极为具体。这种自我贬低的根源在于自恋型母亲向孩子灌输的自我厌恶感。自恋型父母常感到内心空虚,于是试图通过让他人显得无能来填补。最终,她们看着自己将他人压低到卑微的地步,从中获得某种优越感:"至少,我比你强。"

纵容自恋者

纵容者不仅维护自恋者的妄想,还与之共鸣。他们将任何对自恋者的批评、挑战或对他人的更高赞赏视为罪行。纵容者还会认同自恋者在品尝胜利的喜悦或谴责别人侮辱自己时的亢奋情绪。

有时,孩子在母亲的内心世界中扮演着必需的角色,逐渐深陷于她的情感剧中,难以自拔,因为他们不了解其他互动模式。现年三十七岁的保罗多年来一直是母亲帕特的主要崇拜者,他对母亲的看法正符合母亲的期望:"我坚信，任何遇见她的人都会立刻爱上她。她简直太棒了。"然而，当保罗十六岁开始约会时，母亲自恋中的脆弱面暴露无遗。她指责保罗对她怀有恶意："你认为我只是个又老又没用的女人。"她攻击保罗，称他不再爱她、尊重她。保罗发现，唯一能平息母亲的脆弱与冷漠的方法，是再次展现孩子般的崇拜与依赖。

如今，保罗只能眼睁睁地目睹自己两年的婚姻走向尽头。"我无法让妻子理解，当妈妈需要我时，我必须去看她。妈妈需要什么，我就得给什么。这其中的利害关系太大了，我无法拒绝。"但他的妻子看到了问题的另一面："问题不在于他给帕特多少时间，而在于他假装我不存在。他的眼里只有她。当我在她面前和他说话时，他会对我大吼大叫。他总是对她言听计从。"

自恋者难以理解为何她所爱的人除了她之外还需要他人。由于她未意识到这种心态，因此可以大声而真诚地否认自己在限制孩子。同时，她的一言一行却透露出希望孩子完全属于她的愿望。

孩子成为父母自恋的替代品

孩子拥有惊人的学习与观察能力，他们外貌出众、天生迷人，很容易满足父母健康的自恋需求。"我的孩子真漂亮！"是许多父母共同的心声。我们很容易沉浸于孩子的可爱之中，甚至对拥有不那么出色的孩子的父母产生同情。

"我的孩子真糟糕！"是另一种常见的感叹。当孩子在超市收银台旁大发脾气，在家庭聚会上表现不佳，或成为班上阅读速度最慢的学生时，父母的自恋便会受挫。

大多数父母在抚养孩子的争吵和争斗中，都会适度调整自己的自恋需求，尽管在孩子人生的某些阶段，这种调整相较于其他阶段而言，显得更为轻松。婴儿以充满爱意与渴望的眼神仰望着父母，用崇拜的目光紧紧追随，这无疑让父母深切地感受到自己的重要性和价值所在。孩子对父母权威的认同、对父母知识的接受，以及那份迫切想要模仿并学习的热情，都带给父母极大的愉悦与满足。然而，青少年的岁月对于任何父母而言，都可能是一段充满挑战的旅程。青少年的尖锐批评或许很伤人，但大多数父母都能迅速恢复并予以宽容。然而，在自恋型母亲的思维逻辑中，与一个培养自己独立性的孩子一同面对成长的坎坷，却是她们无法容忍的。她们会将儿子或女儿视为"逆子"或"不孝之子"，只因孩子未能按照她们所认为的"正确方式"对待母亲。那些渴望走自己道路的孩子，若未能按照父母的期望发光发热，同样可能激起自恋型父母的不满与愤怒。

自恋型母亲既要求孩子恭敬顺从,又期望孩子能展现出自恋者的特质。孩子或许会逐渐意识到,平息自恋型母亲的怒火最有效的方式,便是让自己成为众人瞩目的焦点,仿佛是在代替母亲绽放光彩。这背后传递的信息清晰而深刻:"为了满足我的自恋需求,你必须赢得他人的赞许与认可,因为你在我眼中是我的一部分,是我的延伸与体现。"

喜悦与绝望的交织

莫娜·辛普森(Mona Simpson)在其处女作《芳心天涯》(*Anywhere But Here*)中,生动描绘了一位极具魅力的自恋型母亲形象——阿黛尔。她自由不羁、自视甚高,对他人则显得漠不关心。作为一位自恋者,阿黛尔对女儿安有着双重期望:一方面,她希望安成为她忠实的观众;另一方面,她又要求安自己成为璀璨的明星,因为拥有一个明星孩子是阿黛尔所认为的"应得"的荣耀。阿黛尔带着安远离了她所熟悉的一切——学校、朋友,以及她深爱的父亲和祖母,让她去追寻自己的梦想。这段关系如同旋风般既令人兴奋不已,又让人心生恐惧。

与难相处的母亲相处时，最令人困惑的莫过于这段关系很少是完全负面的。自恋型父母的高期望往往能够激励孩子取得卓越的成就。当自恋型母亲的某些积极特质展现出来时，孩子可能会感到高兴，而恐惧与痛苦也会随之消散。自恋者能够以其振奋人心的自我愉悦感和勇于冒险的精神激励他人不断前行。二十八岁的菲尔如此描述他的母亲盖尔：奢侈、冲动、老练且时尚。"有时，她能让任何事情都看起来充满无限可能。"

然而，这种美好的泡沫很容易破灭。一旦破灭，自恋者便会要求任何想要亲近她的人都必须满足她多变的需求。如果菲尔拒绝满足她的任何要求，他的母亲就会以断绝关系作为威胁。当自恋型母亲威胁要断绝关系时，她往往会言出必行。自恋者极易记仇，只有在"罪魁祸首"反复恳求原谅并主动承担全部责任时，她们才可能给予宽恕。

不同的孩子，不同的角色，不同的影响

难相处的母亲之所以"难相处"，往往源于特定的亲子关系以及孩子的特定反应。有时，母亲会将美好的情感投射到一个孩子身上，而将自我怀疑与不安投射到另一个孩子身上。在心理学中，投射这一术语的原理类似于投影

仪，它将设备内部的图像投射到墙壁或屏幕上，它阐释的是一个普遍存在的心理现象，即我们倾向于将内心深层的情感倾向投射到他人身上。自恋者往往会采取一种防御性的姿态，宣称"我是最棒的，最优秀的，最重要的"，这种自我认知可能会被投射到一个孩子身上，使这个孩子被视作超凡脱俗、熠熠生辉的存在。相反，自恋者内心深处隐藏的脆弱与自卑——"我极易变得一文不值"——则可能被转移到另一个孩子身上，导致这个孩子被轻视与贬低。通常情况下，这种负面的情感投射更容易落在女儿身上，因为她们与母亲性别相同，更容易成为母亲潜藏的情感的承接者。相比之下，儿子则更可能成为自恋者宏大幻想的投射载体，他们与母亲的显著差异为母亲提供了更多的想象空间，以便将其塑造为符合自己理想的形象。

即便是同性的兄弟姐妹，也可能受到截然不同的心理影响。以贝夫和哈里特这对姐妹为例，她们对共同的母亲就有着迥异的情感体验。三十六岁的贝夫回忆如下。

> 我母亲总认为自己是独一无二的，她坚信自己出类拔萃，远超常人。小时候，我就被要求做到特别、优秀，因为我是她的孩子。如果别人夸奖自己的女儿，她会感到被冒犯，认为别人没有资格为自己的孩子感到骄傲。如果他们为拥有的一切感到自豪，而不是为

> 她所拥有的感到自豪,那就是在贬低她。我没能成为我们社区最聪明的孩子,这对她来说是一个巨大的打击。

尽管贝夫对这种评判感到抵触,但她也清楚母亲的观念根深蒂固,难以改变。因此,她审慎地观察周围的世界,有意识地抵制这种扭曲的心态。她毅然决然地拥抱了真实的自我,对自己所取得的每一份成就都心怀满足与自豪。

哈里特的反应则截然不同。

> 当我在比赛中荣获第二名,满怀欣喜地接过奖牌之时,母亲却只是冷淡地吐出一个"哦"字,随后便是一段冰冷的沉默。最终,她以一种尖酸刻薄的语气问道:"那第一名是谁?"于是,我不得不每次都拼尽全力去争取第一名。然而,现实总是那么残酷,我往往无法如愿。每当这时,我都会陷入深深的自我怀疑,感觉自己一无是处。如今,每当听闻朋友或表亲的成功,我的内心仍会不由自主地颤抖。因为我知道,母亲定会转而质问我:"为什么她比你更加出色?"

在我所认识的临床医生中,几乎每一位都曾遇到过这样的患者:他们将自己定义为失败者,只因他们永远无法满足父母那难以满足的期望。身处这种困境的人们，往往需要经历漫长的岁月才能逐渐意识到，无论他们取得多大的成功，都无法让那位自恋的母亲感到满意。客观的价值与满足自恋型父母的要求几乎毫无关联。如果哈里特能够领悟，无论她如何努力，母亲都会对她感到失望，那么这将对她心灵的成长大有裨益。然而，哈里特却天真地以为，只要站在聚光灯下，就能逃离这一切的束缚。

然而，站在聚光灯下同样危机四伏，因为在自恋型母亲眼中，孩子的成功往往被视为一种挑战与竞争。出于自我保护的本能，孩子可能会坚称任何成就都是侥幸，认为任何胜利都是侥幸所得，任何奖项都受之有愧，或者仅仅是对母亲的一种致敬。他们压抑了自己健康的自恋倾向，以迎合母亲那唯我独尊的心态，从而更容易陷入"冒名顶替综合征"的泥潭。他们深信自己的成功只是误打误撞，随时都可能被"揭穿"，被贴上骗子或伪君子的标签。他们的内心充满了矛盾与挣扎："我之所以能够成功，只是因为我能够伪装出优秀的模样，但在内心深处，我深知自己其实并不配，也不够优秀。"这种自我贬低的心态在那些被逼迫去不断超越自我的人身上尤为显著，他们会不断地向他人——尤其是那位至关重要的自恋型母亲——证明自己是低人一等的，甚至是附属的。

叛逆与决断

无论是通过温柔的安抚、无原则的纵容,还是扮演满足母亲自恋需求的角色,这些策略的实施都需要付出代价,并要掌握一系列复杂的技巧。然而,许多采取此类方法的人往往能在社会中游刃有余:他们能与他人建立积极的互动,为社会贡献自己的力量,并不断发展个人的才华。相比之下,另一种适应模式——反抗——则显得极具自我毁灭性。

雅基的母亲海伦娜是一位杰出的法国文学教授。在同事眼中,她充满启发性且思想深邃;在学生心中,她更是他们崇拜的慷慨大方、无私奉献的杰出导师。然而,对于她年仅十六岁的女儿雅基而言,母亲的成功却带来了截然不同的情感体验。如同许多在强势亲子关系中挣扎的人一样,雅基对自己与母亲性格冲突的应对方式有着深刻的洞察。她愤怒地指出:"母亲的傲慢犹如一把利刃。我必须按照她的标准取得成功,否则便一文不值。从十二岁起,我就能感受到她的失望如芒在背,而我也不甘示弱地回刺了她。"雅基能够清晰地区分自我观点与外界视角:"如果她是我的老师,我会觉得她非常棒。她那种不羁的个性会让我倍感兴奋，甚至可能激发我的创作灵感。但作为母亲，她让我感到崩溃。"然而，这种洞察力并未减轻她的愤怒，反而让她更加沮丧。"她永远不会改变，也永远不会设身处地地考虑我的感受。在她眼中，我永远都是那个无法企及她的天才般高度的愚蠢女孩。"

雅基的手臂上布满了锯齿状的伤痕，记录着她内心的挣扎与痛苦。她曾因自残行为住院治疗，这种威胁不仅体现在过量服药和割腕等极端行为上，她还主动寻求那些会羞辱她的人，试图通过沉沦至谷底来反抗母亲对卓越的执着追求。

叛逆与抵抗有着本质的区别。抵抗的孩子在积极寻找出路，而叛逆的孩子并非要摆脱父母，而是在寻求一种残酷的复仇。在叛逆的道路上，雅基故意将自己的生活搞得一团糟，以此作为对母亲的羞辱。

自恋的混乱本质

在人生的旅途中，我们大多数人都不免与自恋者有所交集。或许在职场上，我们遇到过这样的同事：他们总是渴望得到特别的关注与持续的奉承，却忽视了他人同样需要支持的事实。或许我们有这样一位邻居：他们总是迫不及待地闯入我们的家门，滔滔不绝地讲述着自己的故事，因为他们坚信我们一定渴望了解他们生活的每一个细节。通常情况下，自恋者那苛刻的自我形象会让我们感到被冷落。但有时候，他们散发出的能量与自信也能提振我们的精神。然而，对于子女而言，由于无法对父母关上心门，面对自恋型父母便成了一种极为困惑的体验。他们可能对父母怀有真挚的钦佩与爱意，但却一次次被告知，他们的敬仰与爱意永远无法达到父母所期望的标准。他们或许能在母亲情绪高涨时享受那份自我愉悦的氛围，但在母亲更为焦虑的时刻，又会被她寻求关注与安慰的需求拖累。他们被要求全神贯注地关注母亲的情绪变化，却又感到无所适从，因为他们不知该如何建立自己的价值感。

《来自边缘的明信片》（*Postcards from the Edge*）是一部于1990年上映的影片，它源自凯丽·费雪（Carrie Fisher）那充满个人色彩的半自传体小说。影片细腻描绘了费雪与母亲传奇女演员黛比·雷诺斯（Debbie Reynolds）之间错综复杂的生活图景，生动展现了与自恋型母亲相处时，那种交织着愉悦与恼怒的微妙情感。片中，梅丽尔·斯特里普（Meryl Streep）饰演的苏珊娜·维尔（Suzanne Vale）因服用药物过量而命悬一线，此时，雪莉·麦克雷恩（Shirley Maclaine）所饰的母亲多丽丝·曼恩（Doris Mann）匆匆赶至医院探望她。然而，母亲的关怀转瞬即逝，取而代之的是对自我形象的焦虑："你的头发怎么了？"多丽丝尖锐地质问。

和大多数自恋者一样，多丽丝看待一切事物都只从它们对自己的影响出发。当苏珊娜指责母亲没有理解她的遭遇时，多丽丝不顾女儿的感受，反而声称自己才是最受苦的人。她试图揣测苏珊娜的心思，却越发沉溺于自怜之中。她哀怨地说："我想你又要因此怪罪于我。"接着，她又开始新一轮对女儿未能成功的指责。

苏珊娜深受自恋型母亲那耳熟能详的双重信息的困扰："你必须成为明星才配得上我，但你永远不能比我强。"苏珊娜既是一个高成就者，也是一个自我破坏者。她才华横溢，却时常自毁前程，会在喝醉酒后去上班，会爱上那些可能贬低她的男人。然而，故事并未在此僵局中沉沦。这部温馨感人的电影以苏珊娜的觉醒为终章——她意识到，爱母亲并不意味着将其神化。当她拥有了更广阔的视野，母亲终将归于平凡，苏珊娜也得以发出自己的声音，按自己的风格歌唱，不再畏惧母亲因她的成功而施加惩罚。

面对自恋型母亲，我们不禁要问：是否有人能避免苏珊娜所经历的挫折与自我挫败？是否存在更快通往自我接纳的捷径？以下是一些加速恢复进程的实用指南。

审视自恋型父母的影响

若你正与自恋型父母博弈,你可能会觉得这段关系本身就脆弱不堪。进行情感审视,意味着要深刻反思以下诸多层面。

- 你是否习惯了父母先是对你一番夸赞,随后便是暴风雨般的全面批评?
- 与母亲交谈时,你是否总是如履薄冰,生怕一句话不慎便触怒了她?
- 不论是日常琐事还是国际风云,是否都能轻易成为她口中的重大危机?
- 母亲的情绪是否主导着一切?
- 她的感受是否总是优先?

若你身处这样的困境——"要么满足我的需求,要么承受我的失望与嘲笑",那么你或许早已通过取悦或叛逆的方式,学会了在这段关系中求生存。取悦者往往扮演着平息自恋型母亲的愤怒与自我怀疑的角色,或是强化她的优越感,甚至不惜将自己的成功作为献礼,呈现在她面前。然而,成为自恋型母亲自我膨胀的代言人是一个既荣耀又艰辛的双重角色。你必须在光芒四射的同时，确保不盖过她的风头；你必须在舞台中央翩翩起舞，却又不抢夺她的聚光灯。

若你已通过取悦来适应这种环境，那么你或许已具备了一系列复杂的特质。其中，一些特质或许对你有益，而另一些则可能让你痛苦不堪。以下是你可能获得的有用特质。

- **外交手腕**：你非常谨慎地表达自己的观点。
- **耐心**：你懂得在他人愤怒时保持沉默，因为你明白为自己辩护或打断对方的蔑视只会让事情变得更糟。
- **完美主义（积极面）**：你设定高标准，并感到有压力，必须通过不断取得成功来确认自己的价值。
- **智慧**：虽然有些人会被自己熟悉的特质吸引，甚至是那些曾带来痛苦的特质，你却能对一些"不可接近"的人保持特殊的警觉。你警惕那些看似和善却对他人表现出蔑视的人，不与他们过于接近，也会警惕那些看似平易近人，却总是在故事中表现自己是聚光灯下的中心人物的人。

然而，你也可能深受一些自我打压的思维和行为模式的困扰。

- **冒名顶替综合征**：你不断解释自己的成就，并认为那些对你有好感的人都错了。
- **对自己不切实际的标准**：你认为如果别人在某方面比你成就更高，那么他们的成就就会完全抹杀你所取得的一切价值。
- **顺从**：你习惯于对人顺从，努力向他们展示你愿意钦佩他们。也许你还觉得，如果表现出自信，别人就会攻击你。
- **完美主义（消极面）**：你过于关注自己的错误或缺陷，并赋予它们比你努力取得的积极成果更重的分量。
- **自我惩罚**：内心的声音常常会指责你，向你发出可怕的警告，认为你的一举一动都将带来不断加剧的灾难。
- **自我破坏**：当你即将取得重大成就时，你会做些事情来破坏自己的机会。也许你害怕表现出自己能与父母比肩甚至超越他们。

如果你通过叛逆来适应，那么你很可能陷入了极端的自我破坏之中。你试图通过让父母蒙羞来寻求报复，但代价却是巨大的自我牺牲。如果你发现自己符合以下任何一种模式，那么你需要进行一场范式转变。你的生存并不依赖于这些策略。

- 你是否经常因为错过约会或计划不周而错失良机?
- 你是否总是让那些试图支持你的人失望?
- 你是否习惯于对那些自称优越的人唯命是从?
- 你是否与那些羞辱你的人建立关系?
- 你是否对哪怕是最小的成功也感到恐惧?

借审视之光,重塑自我之旅

你是否曾洞察到,这些性格特质实则是在你与母亲那段错综复杂的关系中悄然形成的?一旦你将这些令你不悦的特质置于其诞生的特定情境之下,它们便如同被驯服的野兽,变得易于掌控,因为你已然明了,它们本质上并无实质意义。

不妨尝试这样对自己说:

"我正竭力保护自己,以免因为自己的成就而遭受母亲的惩罚。我深知她对我寄予厚望,渴望我能出类拔萃,但与此同时,她似乎对任何人因自己的成就而洋溢的快乐都抱有莫名的敌意。我已洞悉这种矛盾与

> 困境的根源,我必须从这无尽的悖论中挣脱出来,重获自由。"

另一个你可能面临的困境是,他人的成功会让你心生焦虑。或许你会这样思索:

> "母亲总是渴望高人一等,对于他人寻求关注的行为,她常常感到被冒犯。当别人荣获奖项或认可时,我担忧母亲会因我未能成为焦点而心生不满。我已然看透,她所追求的优越地位其实脆弱无比。我已将这份焦虑内化于心,担心一旦别人成为众人瞩目的焦点,我就会陷入崩溃的境地。但我坚信,我能够重新学习并改变这种模式,因为我已深刻意识到,他人的成功与才华并不会剥夺我分毫。"

以下是一些值得深思的要点。

或许你渴望能够更加欣赏他人的才华与成就。

朋友或邻居的突然成功可能会让人一时感到震惊,但对于那些通过模仿来适应自恋型母亲的人来说,这种成功往往会引发如潮水般涌来的焦虑。这是否正是你的真实写照?当你认识的人取得成功时,你是否感到内心仿佛崩塌?你是否对难以真心为朋友的成功感到高兴而深感懊悔?

列出一份让你感到快乐且自豪的事物清单，这将有助于你聚焦于一个简单的事实：他人的成功或自我愉悦并不会夺走你所拥有的美好。

或许你已察觉到，当你谈论自己及自己的成功时，其他人可能会显得心不在焉，但你并未因此对他们产生负面评价，反而对他们的立场表示理解与同情。

你可能已经习惯了讲述自己光彩夺目的故事，因为这样的对话在过去再正常不过。你可以通过记录一段典型的对话来检验这一点。偶尔从他人那里寻求安慰和认可并无不可，但这绝非对话的全部意义所在。试着去关注他人说话时你所享受的内容。一旦你意识到新的对话方式，学习并应用它们将变得轻而易举。

或许你感到困惑不解，为何即使是最微不足道的社交失误，也会让你所珍视的一切和所有的自豪感瞬间化为乌有。

这种脆弱感是成长于一段失控的自恋关系中所留下的后遗症，如果你的母亲将她的自我怀疑无情地投射到你身上、对任何不完美之处都无法容忍，这种感觉会更加强烈。将内心那些自我惩罚的声音记录下来，或许能为你带来意想不到的解脱。将这些声音公之于众，可能会让它们暴露出惩罚性批评的本来面目：极端且荒谬。尝试撰写一个截然不同的剧本，以更加宽广的视角去看待问题。

第六章
嫉妒型母亲

父母的反应为孩子提供了丰富的、塑造其人生的信息。母亲的脸庞如同一面镜子,但所反映出的远不止于表象。通常,当我们踏入世界、磨炼技能时,背后有父母对我们的坚定信念作为支撑。他们的喜悦增强了我们的自信,让我们相信自己。然而,在某些情况下,孩子的快乐、能力或机会却成了怨恨和焦虑的源泉。一个难相处的母亲非但不会增强孩子的自信、激发孩子的潜能感,反而会嫉妒孩子的独立与自豪。她不会与孩子分享快乐,反而会质问:"为什么她能感受到快乐,而我不能?""为什么他有机会成功,而我却失望透顶?""如果他的成功意味着他会离开我,那该怎么办?"。

一个难相处的母亲的嫉妒之心,无疑违背了她与孩子之间的情感契约中最基本的条款。

嫉妒，这一情感世界中最为阴暗的角落，无论对于嫉妒者还是被嫉妒者而言，都是一场难以言喻的痛苦。那些嫉妒自己孩子的父母，几乎总是对自己的嫉妒情绪浑然不觉。他们总是试图用一系列冠冕堂皇的借口来掩饰内心的不悦："你太过于自负了，"他们指责道，"我有责任提醒你认清现实。"或者"你的期望过高了，注定会失望"。

嫉妒的双重束缚

通常情况下，父母都渴望看到自己的孩子快乐并取得成功。然而，在一种特定而扭曲的心态下，孩子的成功与快乐却成了父母心中难以名状的敌意之源。当儿子或女儿满怀喜悦地带来好消息时，他们满心期待能从父母脸上看到赞赏与喜悦。然而，现实却往往令人失望——父母的下巴紧绷，嘴角抽搐，眼神中流露出一丝轻蔑与不屑。母亲可能会冷冷地警告："总有一天，你会意识到自己其实没那么了不起。"或者，最初的反应可能是欢快的，但随后你会发现，你做的任何寻常之事都会让她心生怒火："别那么吵！""你为什么总是说个没完没了？"。又或者，你会惊讶地发现，每当你希望她能分享你的快乐时，她总是生病、头疼，或者变得郁郁寡欢。

最终，你渐渐明白，父母的易怒、轻蔑或郁闷情绪，其实与你的快乐或成功息息相关。于是，你开始体验到一种被称为"成功恐惧"的奇特心理——你意识到，成功带来的不再是满足与奖赏，而是无情的嘲笑与冷漠的拒绝。由于父母并未察觉到内心的嫉妒，他们或许会斩钉截铁地表示："我当然希望你成功。没有什么比这更让我高兴了。"你满怀期待地继续追逐成功，渴望以此让她欣慰，然而，你所赢得的每一个奖项，却似乎都触动了她敏感的神经，成为她心中的一根刺。

这种双重信息，其虚假的表象与真实却令人深感不安的内涵之间，形成了一道令人无所适从的鸿沟，构筑了一种被称为"双重束缚"的困境。在此情境下，父母传递出两种截然相反且相互冲突的行为信息，每一种都携带着强烈的情感冲击。一方面，他们可能会说："如果你能够证明自己的能力和自信，我就会感到高兴，就会爱你。"而另一方面，他们却通过冷漠、疏远或郁郁寡欢的态度，无声地传达出另一种信息："如果你享受好运与成功，我就会对你进行惩罚。"

孩子能敏锐地在潜意识中感知到嫉妒的丑恶力量。当他们在父母身上看到这种力量时，会感到恐惧。开创性的精神分析学家梅兰妮·克莱因（Melanie Klein）将婴儿的爱与愤怒描述为原始嫉妒的产物。在克莱因的模型中，当母亲似乎拒绝给予孩子想要的东西时，婴儿脆弱的自我会感到愤怒。婴儿将母亲视为满足自己所有需求的源泉。他们的完全依赖导致了极端的需求，他们想要完全控制母亲。克莱因认为，婴儿对母亲的爱最初包含着暴力、矛盾的情感。为了将母亲留在身边，婴儿想要"吞噬"她，这样母亲就被"内化"了——字面上即留在婴儿体内。同时，克莱因认为，婴儿也想要摧毁父母，惩罚他们无法完全受自己控制。在克莱因看来，原始嫉妒源于一种愿望——想要拥有我们所爱之物，并摧毁我们所爱之物，因为我们永远无法完全拥有它。

随着婴儿自我的逐渐强大，嫉妒情绪逐渐消退。婴儿逐渐明白，即使无法掌控父母，他们也能生存下来。他们也深知，尽管母亲可能不会即刻行动，但完全可以信赖她会给予关怀。尤为关键的是，孩子们对母亲的形象构建变得更为全面且复杂，视其为兼具多面性的个体，而非单一满足自身需求的角色。随着婴儿逐渐成长，能够自主应对日常需求，完全控制母亲的需求便不再那么强烈。诸如饥饿与疲惫之类的日常不适，也不再令他们心怀恐惧。

尽管孩子们会摆脱婴儿时期的嫉妒情绪，但那段经历的无意识记忆依旧留存，并仍有其潜在的破坏力。当目睹兄弟姐妹或朋友流露出嫉妒时，他们会心生不安。而当父母展现出嫉妒之情时，他们便陷入一种困惑的境地，难以区分伤害与修复、渴望与恐惧的界限。

然而，唯有历经多年的困惑与痛苦，拥有嫉妒型母亲的儿子或女儿才会恍然大悟："我的母亲竟嫉妒我的快乐与能干！"直至中年，且自己拥有一个即将成年的女儿时，《刻薄的母亲》（Mean Mother）一书的作者佩格·斯特里普（Peg Streep）才得以回首往昔，理解自己曾对母亲产生的影响。她，一个圆脸、卷发、活力四射且充满好奇的女孩，有着轻松愉悦、热爱自我与世界的态度，这些却触怒了她的母亲。对于一个嫉妒型母亲而言，那些通常为多数母亲所珍视的子女特质，却成了她心中的苦涩。

我不想让你拥有我无法拥有的东西

对于大多数母亲来说，孩子的优秀品质往往比自身的成就更能带来慰藉。然而，有时一连串的个人挫败感——那些她们难以承受、无法释怀或克服的挫折——可能会让她们滋生嫉妒之心。

当目睹他人沉浸于生活的欢愉、快乐之中，或是展现出自信的姿态时，她们的内心会涌起一股莫名的威胁感。尤其当这份活力与自信来自亲近之人时，她们更是怒不可遏，自觉被剥夺了本应属于自己的光芒，并将这份不满转嫁到了无辜的孩子身上。

当母亲的抱负遭遇现实的阻碍，母亲对子女映照的罕见扭曲——自恋型母亲和嫉妒型母亲——便悄然浮现。她们会嫉妒女儿的成功。玛格丽特·德拉布尔（Margaret Drabble）在《花斑蛾》（*The Peppered Moth*）中描绘了一位母亲，她年轻时才华横溢，满怀憧憬，对自己的想象力和聪明才智深信不疑。然而，当她基于"女大当嫁"的传统观念而选择步入婚姻后，她的才智和想象力却衰退了。婚姻与母亲的角色如同一副刻板的二十世纪四十年代家庭生活模具，将她的生活牢牢框定。多年来，她始终生活在自己昔日辉煌的阴影之下，目睹着聪明伶俐的女儿茁壮成长，心中却交织着矛盾的情感。女儿既是她曾经的自我投射，也是她永远无法触及的未来。一方面，她希望女儿能按照自己的方式追求成功，找到幸福；另一方面，当女儿真的取得成功时，她却又心生不满，仿佛女儿的成就是对她失败的一种嘲讽。女儿不禁陷入沉思："既然如此，我又何必费心去追求成功呢？无论我做得再好，最终都只会换来痛苦。"

面对母亲这种令人费解的反应，一些子女不禁怀疑自己是否拥有某种可怕的力量。为何母亲会对那些让他们快乐的事物感到恐惧？为何他们如此努力，却似乎只会伤害她？他们身上究竟有何种特质，会引发母亲如此令人困惑的反应?现年三十六岁的费伊回想起儿时的困惑:"我定是身怀某种无法控制的黑魔法。"尤其是在她展现出高兴或专注的神情时,母亲的指责便如暴雨般倾泻而下。

这在一定程度上,正是遭遇母亲嫉妒的子女所面临的悖论。

> 当你表现出色时,你似乎威胁到了你所依赖的关系;然而,若你表现平平,你又会让所依赖之人感到失望。

反弹效应

这种悖论可能会引发一种反弹效应。在医学领域,反弹指的是身体在药物作用后努力重新达到平衡的过程。在这一过程中,身体可能会向与药物作用相反的方向调整。例如,服用镇静剂以助眠,却可能向身体发出刺激萎靡系统的信号。于是,镇静剂非但未能助你入眠,反而让你保持警觉。这时,你可能会误以为需要更多此类药物,而它实则产生着与你的期望相反的效果。

类似的模式也出现在母亲身上,她嘴上说着"这是我希望你拥有的",但当你真的得到时,她却表现出怨恨。

孩子试图通过聪明伶俐、外表出众或在学校、体育、音乐等方面拔得头筹来取悦母亲，却发现自己的成就换来的是母亲的猜疑、愤怒或鄙视。孩子或许会加倍努力以求讨得母亲欢心，却一再失败。很多时候，孩子坚持认为问题在于自己不够好或不够成功，而真相却是，正是因为她太出色了、太成功了。由于嫉妒型母亲连自己都不愿正视自己内心的感受，她会以让孩子羞愧和困惑的方式来为自己的怨恨找借口。孩子的羞愧与困惑或许能让嫉妒的母亲感到一丝宽慰，从而强化了这一奇怪的循环。

十四岁的苔丝努力遵循母亲的期望，"证明给我看，你能像你妹妹一样优秀。"她拼尽全力想要取悦母亲，却总觉得自己无法与年纪更小的妹妹安柏相提并论。苔丝告诉我："安柏比芭比娃娃还漂亮，大家都喜欢她。"相比之下，苔丝觉得自己"又笨拙又丑陋"。她说，每当她开心时，母亲就会抱怨她"太吵了"。每当苔丝在学校表现出色，拿着光鲜的成绩单证明自己"成绩甚至比安柏还好"时，母亲却指责她"爱显摆"。

苔丝所描绘的情境——对她每一份自豪与快乐的漠视，以及将她与妹妹进行严苛的比较——无不透露出一种嫉妒的阴影。她竭力将这些混乱且自相矛盾的信息拼凑成一幅完整的画面，心中充满了疑惑：母亲究竟期望她成为怎样的人？母亲不满的根源何在？她又该如何在不招致

"自夸"指责的前提下，为自己在学校的杰出表现辩护，以抵抗母亲的失望情绪？她的快乐、自豪以及这些情感的自然流露，究竟在何种程度上威胁到了她与母亲之间那本已脆弱的关系？这种扭曲的动态是普遍存在于所有亲密关系中，还是仅仅局限于她与母亲之间？面对母亲那令人困惑的双重标准，苔丝如何能找到答案，如何在母亲的束缚下保持自我判断？

孩子无法理解这背后的复杂情感，这无疑让本就艰难的关系更加雪上加霜。当嫉妒潜入亲密关系，这段关系便变得支离破碎。孩子们渐渐意识到，他们生活中的美好事物，竟会冒犯甚至伤害到那个对他们至关重要、他们渴望取悦的人。

差异即危险

嫉妒往往与界限模糊紧密相连——即无法清晰地区分自己与孩子的身份。在界限模糊的关系中，父母未能真正走进孩子的内心世界，不是从孩子的言行举止中捕捉其真实的想法和感受，而是对孩子妄加揣测。差异往往被无情地否认，以一句"那不是你真正的样子"作为借口，或是被简单粗暴地打上"愚蠢""错误"或"糟糕"的标签。

当父母感受到威胁时,他们可能会不遗余力地想要抹去孩子身上那些独特的个性特征。

让我们设想这样一位母亲,她无法明确区分自己和孩子的需求与感受。如果她的生活充满了不满与遗憾,那么她便会先入为主地认为,孩子的生活也必然充满了不如意。如果她畏惧挑战与变化,那么她的孩子也必须遵循她的步伐,远离这些未知。当她的孩子勇敢地追求快乐、好奇、冒险或是保持乐观时,她可能会觉得孩子是在嘲笑她所缺乏的东西。更甚的是,她深信孩子应当与自己保持一致,因此,孩子渴望独立思考、独立行动、追求不同目标的行为,在她眼中就成了对他们之间纽带的背叛。她甚至可能深信不疑,孩子一旦追求属于自己的成就,便是对她的一种背叛。

有时,母亲内心深处潜藏的嫉妒如同沉睡的火山,突然爆发。在我多年与青少年及青年人打交道的经历中,我观察到一种模式:母亲会担心子女日益增长的能力和见识可能会将自己甩在身后。"当我的孩子在人生的旅途中找到属于自己的道路时,他还会珍视我吗?"这样的担忧时常萦绕在心头。通常,随着人类成长和变化而来的失落感,会因欣赏孩子那令人激动的青春活力和全新的个性而得到缓解。但有时,孩子渴望追求与母亲截然不同的经历,却是母亲所无法接受的。在这种关系恐慌的驱使下，母亲会想要惩罚孩子，仅仅因为孩子在不断地成长与"前进"。

当子女经历这种突如其来的反转——从和谐走向冲突——他们会感受到内心的挣扎，却往往难以直面问题，因为嫉妒总是善于伪装，隐藏其真实的意图。孩子内心会涌起一种难以名状的预感，仿佛自己所追求的一切都将失去意义，自己所珍视的一切都将被腐蚀。这个年轻人的母亲可能多年来一直鼓励和支持他，但现在他的积极性却一落千丈。

科姆南是家中第一个上大学的人，但就读于一所名校给他带来了额外的压力。他回想起几年前，那时……

> 妈妈是我最大的支持者，总是把我放在第一位。爸爸去世后，别的母亲可能会让孩子承担养家糊口的重任，但她却支持我继续上学。可现在，她似乎怨恨我的成功。我说的每句话，她都认为是某种"侮辱"。她指责我不尊重她，说我不爱她，甚至怀疑自己心中是否能容得下如今的我。她声称再也不认识我了。可我做的一切，都是她曾经梦想我能达成的。我一直在努力让她和爸爸为我感到骄傲。现在，我宁愿犯错，也不愿做得太好。两年前，我的职业生涯似乎一片光明，而现在，一切都像被污染了一般，一切都变得像

被毒化了，什么都不再有意义。

科姆南面临着两难的困境：一方面，他为自己的成长感到骄傲，但这可能危及一段至关重要的关系；另一方面，为了保持关系的稳定，他又不得不压抑自己和家人的长远目标。这种紧张关系可能构成了一个伴随终身的难题："如果我享受职业上的成功，我将付出怎样的个人代价？"

嫉妒，是对钦佩的一种扭曲与变形。一个嫉妒心强的母亲，不会将孩子的成功视为自己的骄傲之源，也不会对茁壮成长的孩子感到欣喜。相反，她会觉得孩子的幸福剥夺了她所拥有的某些东西。她发现自己难以与孩子身上的闪光点或孩子所享有的快乐产生共鸣，因此在潜意识中萌生出摧毁这一切的冲动。她深信，只有当孩子的自我价值感降至与她相同的低谷时，她们之间才能建立起一种让她感到舒适且安全的关系。

逃离之路，荆棘满布

令人诧异的是，挣脱一个难相处的母亲的束缚，往往比离开一个给予慰藉、尊重与支持的母亲更为艰难。嫉妒型母亲常常让孩子感到自己糟糕透顶，以至于孩子会倾其所有去弥补她的失望。孩子可能会选择留在她身边，束缚自己的成长，活在她不满的阴霾之下，因为孩子错误地将让她感到不悦的责任归咎于自己。

嫉妒型母亲手握一套完备的"内疚培养"工具，其中包括：

- **指责**："你太自大了"或"你在炫耀"，这些话语可能会将孩子对自己成就的正当自豪扭曲为自我认知的缺陷。
- **贬低**："有很多人比你出色得多"，无论是兄弟姐妹、朋友还是已故的亲戚，都可能被她树立为孩子永远无法企及的标准。
- **讨债**：她不断提醒孩子他人为其做出的牺牲，如"别以为你是靠自己成功的"和"很多人为了你牺牲了很多"，以此加深孩子的内疚感。
- **冷漠与不满**：当孩子取得进步时，如果她表现得冷淡或不悦，无须多言，孩子就会对自己曾经珍视的成就感到焦虑。
- **不祥预言**："你早晚会失败"或"你知道那些过于张扬或过于冒险的人，最终会有什么下场吗？"以及"期望过高只会换来失望"，这些话语都在传递一个信息：幸福和乐观是危险的。

- **突发急症**：当"好即是坏"的微妙暗示失效时，一个嫉妒的母亲可能会采取极端手段，如声称自己的健康受到威胁，潜台词是"你的幸福、成长或成功正在杀死我"。

我认识的所有经验丰富的治疗师都听闻过因子女决定离家而试图自杀的母亲的故事。一位同事曾描述过一个男人的故事，他在五十九岁时才终于离开家，而这一切是在他"有自杀倾向"的母亲自然去世后发生的。每当他提出搬出去，她都会尝试自杀，强烈的内疚感将他牢牢绑在她身边。

当我们因与众不同而感到内疚，因坚持个性而感到自责时，我们可能会对自己的核心自我——那个记录我们日常感受和独特反应的部分——产生怀疑。我们开始质疑自己所拥有的一切——那些独特、个人化、专属于自己的经历——是否都是错误的："我的成就会伤害我吗？"在追求目标时，我们心中充满疑惑。"我有资格拥有这一切吗？"在考虑上大学、工作或旅行机会时，我们不禁自问。母亲的嫉妒将原本美好的事物扭曲成了有害之物，它触发了一个警报系统，在这个系统中，那些你热切向往且通常被常识视为值得追寻的事物——诸如快乐、兴奋、兴趣与野心，都披上了危险与伤害的伪装。

身为人母
母亲的爱影响孩子的未来

母性嫉妒：一部文化史

在经典的童话故事《白雪公主》中，一位继母（即王后）站在魔镜前，询问道："谁是这个世界上最美丽的人？"多年来，魔镜一直向王后保证，她"拥有举世无双的美丽"。然而，随着时光的流逝，王后年华老去，青春逐渐消逝，而白雪公主却出落得亭亭玉立。终于有一天，魔镜宣告："王后，你固然美丽动人，但白雪公主的美丽却远超你千倍。"王后闻言，脸色瞬间变得苍白，心中充满了嫉妒，随即下令仆人将白雪公主除去。

一些心理学家认为，这位嫉妒心重的王后的反应，正是母亲对女儿无意识情感的典型反映。在颇具影响力的心理学著作《女性心理学》（The Psychology of Women）中，开创性精神分析学家海伦·多伊奇（Helene Deutsch）指出，母亲往往会对正值青春期的女儿产生嫉妒心理。多伊奇认为，母亲所表现出的保护与温柔，实则是嫉妒情绪的伪装，因为青春少女的如花似玉，正映衬出母亲的日渐衰老。二十世纪七八十年代的众多作家也持相似观点，他们认为母性嫉妒颇为常见，并将其归因于世代更替：相较于母亲，如今的女儿拥有了更多的机遇。若母亲感受到自己在社会上的边缘化或个人挫败,她可能会将女儿视为盟友。然而,当女儿踏入那个充满无限可能的新世界时,她不仅会将母亲甩在身后,甚至可能轻视、贬低母亲。

然而,根据我个人的长期研究,虽然确有少数母亲会经历嫉妒之情,但此类情况实属罕见。在过去二十多年里,我观察了多种情境下的母女关系,得出的结论是:相较于嫉妒,母亲更可能为女儿的美丽、机遇与成就感到由衷的高兴。当然,母亲对女儿的美貌可能会感到矛盾,这背后的原因复杂多样:她看到女儿吸引了众多男性的目光,担心他们仅被女儿的外貌吸引,而忽视了她的内在品质。对于女儿的进取心与才智,母亲同样可能感到矛盾,因为她深知这些特质可能会让女儿的生活变得更为复杂,也了解平衡各种需求与才能的艰辛与疲惫。然而,这些担忧与嫉妒有着本质的区别。

在一个高度强调女性的年轻与美貌的文化背景下,即将步入中年的女性在与女儿就外貌进行比较时,可能会对自己的社会地位产生不确定感。在一个女性缺乏机会发展自身广泛需求(即应对挑战、解决问题、发展并检验各种技能以及与更广泛的社会环境积极互动的需求)的文化中,母亲可能会为自己错过的种种感到惊叹与遗憾。但遗憾的痛苦——或是对错失机会的私人哀悼,更尖刻地说,是对被剥夺机会的深切哀悼——与嫉妒之间有着天壤之别。

当嫉妒渗透进母子关系时，它所带来的影响与围绕生活选择而展开的健康争论有着本质的区别。伟大的中世纪诗人乔叟曾言，嫉妒如同一种可怕的传染病，能够迅速蔓延至所有事物。他在《教士的故事》(*The Parson's Tale*)中写道："嫉妒无疑是最为严重的罪恶，因为其他罪恶往往仅针对某一特定的美德，而嫉妒则针对所有美德与美好。"在嫉妒孩子的美貌、机遇、才能或个性时，父母或许会对孩子所拥有的一切抱有嫉妒与怨恨，孩子的每一个优点、每一份独特，都可能触动他们心中的嫉妒之情。这种嫉妒往往源自持续的失望或内心的匮乏，并会如野火般蔓延，吞噬被嫉妒者的所有闪光点。在这样的亲子关系中，孩子往往感受不到丝毫的舒适与安全。

审视父母嫉妒的影响

通过深刻的自我审视，你可以清晰地评估自己目前所掌握的、用以应对与嫉妒心重的母亲相处的策略。其中一些策略可能会帮助你培养如下技能。

- 你或许已经学会了如何运用自身的魅力去吸引他

人，使他们对你的优秀品质留下深刻的印象。换句话说，你能够巧妙地运用魅力来化解嫉妒的阴霾。同时，你也可能懂得如何对他人表达同情与理解，确保他们感受到自己的价值与重要性。

- 你或许已经具备了识别和忽视嫉妒的双重能力。你能够敏锐地洞察到他人的批评或嘲笑背后的真实意图，并且不会被嫉妒左右。你已经深刻认识到，他人对你成功的嫉妒并不会影响你努力的成果。
- 你可能已经掌握了如何有效地支持他人的能力。你是否曾通过助力他人的成功来实现自己的价值？你是不是经纪人、教师或教练？你或许出于多种原因而选择了这些角色，但其中不乏你希望在施展才华与技能的同时，避免成为众人瞩目的焦点。
- 你或许是一个有着强烈成就欲望的人，总是不懈地追求各种成功，渴望得到母亲的认可与赞赏。然而，无论你取得何种成就，似乎都难以满足她的期望与要求。

深入反思这些应对策略如何限制你的进步，同样具有重大意义。一个心怀嫉妒的母亲可能会让你对自己的快乐、欲望和目标产生深深的疑虑。父母的嫉妒带来的最为常见的后遗症，便是对成功挥之不去的恐惧。在某些极端情况下，这种对成功的恐惧甚至会引发自我挫败的行为，毕竟，失败从不会引发嫉妒。

- 你是否察觉到，每当成功近在咫尺时，事情却总是莫名其妙地出现变故？
- 你是否在面试中犯下错误，无法顺利完成重要任务，或是无意间冒犯了本可为你提供关键支持的好心人？
- 你是否总是刻意隐藏自己的才华？
- 你是否故意选择朴素的装扮，以掩盖自己外貌上的优势？
- 你是否总是小心翼翼地避免与人竞争？
- 当你发现朋友或兄弟姐妹与你竞争同一个职位时，你是否会选择主动退出？

尽管这些习惯可能会在某种程度上保护你免受嫉妒的伤害，但它们也可能成为你追求成功之路上的绊脚石。你可以通过坦诚面对或勇敢前行来克服对成功的恐惧，这是战胜恐惧的首要步骤。你可能会发现，其实并没有人会因为你的努力或成功而对你进行惩罚，即便有，那也不会对你造成真正的伤害。

即便你实现了目标，提升了能力，也可能会感到一种难以摆脱的焦虑，让你无法真正享受成功的喜悦。

- 你是否会担忧，在实现目标或获奖后，有人会嘲笑你或让你陷入尴尬境地？
- 你是否预感到自己的成功会引发他人的敌意？
- 你是否会在亲友面前掩饰自己对成就的自豪？
- 成功之后，你是否会感到心情瞬间低落？

即便你能够以谦逊的态度追求目标，低调行事，这些习惯也很可能意味着你无法真正享受自己的成就，这实在令人惋惜。或许，你之所以无法享受成就，是因为你一直在努力取悦那些永远不会对你感到满意的人。当你意识到你永远也无法得到他们的认可时，便会感到绝望，并容易陷入抑郁。有两点需要牢记：第一，嫉妒型母亲的出发点和落脚点都是不满，这是你无法改变的；第二，科学研究表明，追求他人的认可比追求自己真正珍视的东西更容易导致不幸。

审视的第三部分聚焦于你与父母关系的持续性。父母的嫉妒是否仍然是你成年生活中的一个难题？

如果你仍在应对母亲的嫉妒，如果你仍深陷这一棘手的困境，不妨问问自己，现在是否有足够的勇气去挑战她，向她表达你的真实感受，或者选择无视她的嫉妒。

试着采用"循序渐进"的方法，检验自己是否有新的能力去应对她的嫉妒。或许你的母亲已经有所改变，变得更加坚强、更加能够接受真实的你。或许你曾经认为，自己的成就足以触怒她，但如今那种力量已日渐式微。

试着保持冷静，向她保证，你的成就非但没有贬低她，反而是对她的一种肯定。

然而，你也需要深入反思，这个问题是真的存在，还是仅仅是你内心深处那个感到被威胁的孩子在作怪。

在人生的每一个瞬间，我们对母亲的反应都源于两种记忆形式：外显记忆与内隐记忆。外显记忆涵盖了感官记忆、语义记忆、情景记忆、叙事记忆和自传式记忆，我们可以描述外显记忆，它们清晰可辨，易于触及。而内隐记忆则包括感官记忆、情绪记忆、程序性记忆以及刺激-反应的条件反射，它们潜藏于潜意识之中，却深刻地塑造着我们的情绪反应。当内隐记忆被当下的事件激活时，我们会不由自主地将其与过去的经历相联系。一些原本可能是中性的话语或手势，因为我们赋予它们痛苦的记忆，而被视为威胁。由于这些记忆的内隐性，我们往往意识不到自己正在用过去的视角解读当下。

一个有益的练习是，审视这种关系困境是否依然真实存在，或者你是否仍在处理那些基于内隐记忆而形成的期望。

- 当熟悉的恐惧或愤怒再次袭来时,请暂停片刻,专注于眼前的言语与行为。
- 尝试将这些感受留在脑海中,甚至用笔记录下来。
- 试着辨认它们所带来的威胁。
- 思考一下,自己是否真的如感觉中那般脆弱不堪。
- 试着写下过去那些引发类似情绪的事件。
- 评估一下,这些过去的事件是否真的与你当下的生活相似。

逐渐地,你将会发现那些不必要的内隐记忆,它们使得当下变得和过去一样艰难。评估你的恐惧——它们从哪里来,是否依然适用于你——这份力量或许能帮助你重新调整对成功的恐惧,即你的成功和幸福可能会给所爱之人带来危险。

第七章
情感缺席型母亲

- "我的孩子究竟需要我多少关注?"
- "孩子尚且年幼,我如果忙于他事,他还能否茁壮成长?"
- "如果将孩子托付于人,他是否会因此吃亏?"

这些耳熟能详的问题实则是对成为"好妈妈"这一焦虑心态的反映。在过去的四分之三个世纪里,这种焦虑如同枷锁,日益沉重地束缚着母亲们的心灵。如今,仅仅作为一个可靠、慈爱的父母——为孩子提供庇护、食物、纪律与指引——似乎已经远远不够。父母的职责已然超越了满足基本需求的范畴,他们被要求最大限度地挖掘并激发孩子的每一项潜能。对育儿质量与策略的焦虑情绪弥漫于我们的文化之中,这种焦虑由一系列难以企及的理想滋养,并催生出了一系列不切实际的期望。

其中，一个尤为普遍的担忧便是，孩子是否真的需要一位全职母亲。这一担忧随着职场对女性的工作投入要求的不断提升而愈发凸显。同时，它也源于对心理学研究成果的种种误读。

二十世纪中叶，心理学家创造了"分离焦虑"这一术语，用以描述孩子在特定发展阶段中，因对母亲在场与缺席的敏感意识而触发的一种正常情绪反应。大约九个月大时，孩子已能轻松区分母亲与其他人，但他尚未具备足够的概念化能力去理解母亲是一个独立于他而存在的个体。因此，当他无法看见、听见、触摸或嗅到母亲时，他会认为母亲已经"消失"，仿佛不再存在于这个世界上。直到他构建起相应的概念框架，即便与母亲分开，一个人和一段关系也会持续存在，否则每当母亲放下他、挥手告别并从他的视线中消失时，孩子都会被恐惧笼罩。

最初，分离焦虑被视为一个正常的成长阶段，会随着孩子对人的概念的逐渐成熟而自然消退。当这一阶段首次被注意到时，并未有迹象表明与母亲的分离会对孩子造成伤害。然而，后续的研究却表明，长期的分离会严重影响孩子与他人建立联系的能力。当婴儿在第一年与母亲分离时，他们会哭泣不止、难以入眠、拒绝进食、变得萎靡不振且情绪低落。年龄稍大的孩子也会表现出明显的焦虑情绪。起初，孩子会对分离表示强烈的抗议。他们焦躁不安、泪流满面，似乎在不断地寻找母亲，仍然期盼着分离能够早日结束。然而，随着时间的推移，抗议逐渐被绝望取代。孩子仍然心系母亲，时刻留意着她的动向，但他们的情绪却变得更加烦躁与哀怨，而非警惕与期待。最终，绝望让位于冷漠。孩子似乎失去了所有的希望，只能通过压抑所有的情感来适应母亲的缺席。一个孩子若已不再期盼寻回母亲，内心会滋生一种骇人的宁静。这种防御性的冷漠一旦生根，便难以拔除。即便母亲归来，孩子亦可能无动于衷，仿佛已丧失了依恋的能力。

这些阶段——抗议、绝望、冷漠——常见于孤儿院中受照料的孩子，或是住院期间与父母隔绝的孩子身上。然而，一些心理学家却将这些观察解读为"幼儿每日皆需母亲陪伴"的佐证。他们警示，若母亲无法持续伴其左右，孩子将先以抗议回应分离，继而陷入绝望，最终与母亲渐行渐远，变得无精打采、麻木冷漠。尽管此类推断屡被证实缺乏根据，但关于母亲是否在孩子身上倾注了足够多的时间与精力的忧虑，依然令众多家庭惶恐不安。

我们目睹了孩子自诞生之日起便与母亲建立联系，同时，他也具备与其他人建立联系的能力。与他人建立联系、被他人理解以及理解他人的进化驱动力，在婴儿出生后仅数日便显露无遗：他们会凝视人脸，进行眼神交流。这种极其惹人喜爱的行为吸引了众多人的注意，包括家人以外的人士。孩子会倾向于偏爱那些与他们互动最频繁、最合拍的人。事实上,孩子在无意识中参与了一个普遍的行为模式,这令母亲不禁质疑自己是否给予了孩子足够的关注和时间。孩子渴望拥有专属的母亲,然而,孩子天生便要在充满现实挑战的环境中茁壮成长,而在这个环境中,母亲是一个拥有多元兴趣、需求与责任的人。

孩子已经进化到能够与普通的父母共同茁壮成长。一项又一项的研究表明,孩子是坚韧不拔的生物,能够适应父母拥有多种兴趣、活动以及个人怪癖和局限的人性需求。然而,对孩子需要母亲的极端评估依然困扰着许多家庭。

事实上,根据进化人类学家莎拉·布莱弗·赫迪(Sarah Blaffer Hrdy)的观点,孩子们已经进化到能够接受"异亲抚育"。孩子能够容忍由多个人来照顾,而不仅限于亲生父母。为了照料成长缓慢且耗费精力的孩子,原始人类需要构建一个母亲角色的网络,而非如现代母亲般时常独自承担照料重任。婴儿的原始但极为敏锐的共情能力、解读他人意图的能力、与他人建立联系的渴望、对他人反应和情绪的敏感度,使他们能够从广泛的人群中获得照料——事实上,几乎能从任何与他们有所接触的人那里获得关怀。

那种认为母亲必须时刻陪伴孩子的文化迷思,制造了焦虑与罪恶感，它混淆了正常的分心、正常的注意力缺失与令人恐惧、沮丧的情感缺失之间的界限。而这种令人不安的情感缺失，正是本章探讨的核心问题。

"在场"与"死亡"

对孩子而言，母子间的强烈互动往往是如此令人满足与愉悦，以至于他对任何中断都可能表示抗议。然而，很快孩子便会意识到，即便在面对面接触的间隙，关系依旧在延续。她会逐渐树立起一种灵活且全面的人际关系观念，即便母亲不在身旁，也仿佛"在场"一般陪伴着她。对于孩子而言，"在场"并不意味着母亲必须时刻相随，而是意味着随时可触及、随时有兴趣、随时能专注并伸出援手。而"不在场"的极致，并非物理空间上的缺席，而是情感层面的缺席。这种情感缺席剥夺了孩子基本的自我意识，其冷酷程度远超冷漠，其紧张感更甚于愤怒。它带来的是无共鸣、无回应、无互动的真空状态，仿佛"在场"与"死亡"之间游离着一种诡异的幽灵般的氛围。母亲情感缺席的常见诱因是药物滥用与抑郁。

简如今已十七岁，她仍清晰记得自己初次感受到母亲情感缺席的那一刻。大约五岁的时候，她尝试攀上椅子去取午餐盒，向母亲求助，拽着母亲的毛衣，却发现母亲"呆立原地，一动不动，眼神空洞"。虽然母亲有时会"哭泣、摔掷物品"，但更多时候，她呈现出一种"异样的平静，仿佛不存在一般，就像家中一件无生命的摆设"。那股令人不寒而栗的平静，至今仍让简心有余悸。她坦言，自己曾努力"将自己石化，以避免任何情感的触动"。

简的母亲艾琳承认，自己依赖于酒精与止痛药。"不知何时起，或许是在很久以前，简还这么高的时候"——她比划着五岁孩子的身高——"我开始在内心深处寻觅一片真正的宁静之地，在那里，我不必感受太多。我需要那份解脱。那并非飘飘然的愉悦，别误会。那只是一个宁静而美好的避风港"。在这片"宁静之地"，世界似乎变得渺小，思绪变得柔和而朦胧，不具杀伤力。年幼时，简绝望地看着母亲陷入一种她既无法看见也无法理解的内心戏。母亲虽然身体在场，但情感上已然远离。

如今三十七岁的邓肯，内心深处仍深受儿时母亲情感缺席的影响。

> "母亲或许就坐在我身边，但突然间，她变得遥不可及。并非因为她正在思考别的事情，稍后便会回过神来，而是她仿佛被深埋于某个我无法触及的地方。

> 她用那双饱受折磨的眼睛望着我，我仍会感到恐惧，仿佛看到了灵魂的掠夺者。我养成了在椅子上摇晃并哼唱的习惯，尽管别人让我停下，但母亲并未察觉。我只是在消磨时间，等待她回归。"

邓肯从祖母那里以及"无数零碎的记忆碎片中拼凑出的点滴"中了解到，自他出生起，母亲便深陷抑郁之中。"我伴随着这一切成长，已经习以为常，但这绝非正常。这真的让我痛苦不堪，因为我多么希望能——你知道——让她重获新生。"

情感缺席给孩子带来了一个悖论："我爱我的父母，渴望亲近他们，但我的呼唤却得不到回应。她的内心世界要么是我无法触及的，要么是阴暗扭曲的。我可以靠近她的身体，却无法真正接近她的心灵。"

在这一章中，我们将目睹子女在面对这一悖论时的不同适应策略，他们心中充满了疑问："我该如何与情感缺席型父母建立联系？我怎样才能判断她是否'在场'？我该如何保护自己（或许还有我的兄弟姐妹或父亲），以免受到这种奇异的缺席感的侵扰？"子女可能还会心生疑惑，"我能否拯救我的母亲？能否让她重燃生命的火花？"

抑郁

母亲对孩子情感上无法回应的最普遍缘由,是黑暗情绪的汹涌澎湃,这股力量吞噬了正常的喜悦、好奇与反应能力,使人变得空洞、空虚、麻木——即便如此,她仍有足够的感知力去承受失去的痛苦。这种状态——抑郁——与简单的不开心截然不同。它与焦虑、沮丧或愤怒等情绪也非同类。后者往往聚焦于某个具体问题:我们对老板的行为感到愤慨,或对自己未能升职而沮丧;我们因自身或家人的压力而不满;我们对孩子在校的表现感到忧虑;我们对申请结果充满焦虑;我们对无法实现目标的工作感到沮丧。在日常生活中,我们会遇到各种不快,但通常都能将它们视为生活的一部分来应对。然而,偶发且集中的不满与抑郁有着天壤之别。

有时,某个具体问题会深入骨髓,让我们陷入一种普遍的不满之中。在婚姻中,持续的指责与争吵可能让我们感到普遍的不满;我们可能会发现,工作上的压力让我们分心、易怒,无法放松和享受其他事物;我们可能会因为担忧自己的财务状况而难以回应他人。但即便是这种普遍的不快,也与抑郁有着本质的区别。

最接近抑郁本质的定义是对自我丧失的哀悼。抑郁是一种精神层面的死亡，它埋葬了好奇心、情感和联系。尽管"抑郁"一词有时被用作悲伤的同义词，但它更接近一切情感的死亡。艾琳可能会大喊大叫、哭泣；她可能会扔东西、打人；但那是空虚所带来的痛苦，而非情感过剩的表现。更多时候，她行动迟缓、被动，觉得做任何事情都毫无意义，甚至懒得起床、穿衣或吃饭。

如果你不开心，你可以想象一些能改善心情的情境，但如果你抑郁了，整个世界在你眼中都会变得极其荒芜、凄凉，以至于你无法想象一个更好的世界会是什么样子。抑郁的核心在于，你内心最深处的自我被认定为没有价值、没有意义、没有目的、没有真实生命。因此，改变你周围的世界并不会让你变得更好。

一个抑郁的人可能会环顾四周，看到自己给别人的生活带来的阴霾，但她不会想到自己能给别人带来什么价值。她想知道，与像她这样一无是处、有缺陷的人交往，别人能得到什么好处呢？他们怎么能从她的微笑、关注和爱中受益呢？她觉得自己对自己来说一文不值，就假定自己对别人来说也同样没有价值。为什么要费心去凝视孩子的眼睛？为什么要费心去微笑？孩子为什么要关心她的想法或感受？在沉浸于自我丧失的哀悼及深陷自我关注的泥潭时，她几乎不会注意到孩子的反应。她看不到孩子因她的触摸、声音和脸庞而感到高兴；她迟迟才察觉到孩子渴望她的关注，想听她说话，想让她抱在怀里。她保持着冷漠和谨慎的态度，觉得无论做什么都不会有积极的影响。在别人试图与她交流时，她只会感到恼火或困惑："我没有什么可以给你，因为我一无所有"是她心底暗自认同的潜在想法。

有些人一生都在与抑郁抗争，而有些人则在经历一段时间的抑郁后得以完全康复。产后是一个尤其容易陷入抑郁的时期，这段时期母亲情感的缺席可能会对孩子造成极大的负面影响。

产后抑郁及其对孩子的影响

对女性而言，成为母亲无疑是喜悦与幸福交织的时刻，然而，产后抑郁却如影随形。她们可能视孩子为生命的奇迹，赞叹其美丽，却总感觉与孩子之间存在一道难以逾越的鸿沟。尽管她们将孩子的幸福与安全视为至高无上的责任，但在照料孩子的过程中，却常常感到自己像个机器人。

经历过产后抑郁的女性坦言，她们被无尽且看似毫无意义的需求困扰。许多人选择隐藏真实感受，伪装成另一个人。她们谈论着"戴着面具生活""故作姿态"和"强颜欢笑"。在"扮演角色"的同时,她们的内心却如同死寂一般,或者看似在应对生活,实则已被汹涌的情绪和杂乱的思绪吞噬。她们展现了身为母亲的双重形象:一面是公众场合下的幸福洋溢,另一面则是私下里深藏不露的痛苦与挣扎,两者如同两条永不相交的平行线。

这种矛盾的情感并非仅限于那些被临床诊断为抑郁的母亲。许多母亲都能感受到母性的这种双重性,感叹自己已无力掌控任何事情。"我再也无法掌控任何事情"与"我再也不清楚我是谁",这两句话道出了无数女性的心声。新增的束缚感、一个个无眠之夜以及全新的生活方式,带来了翻天覆地的变化,让每一位新手妈妈都倍感压力。然而,在仅有约百分之十的情况下,这种动荡才会阻碍母亲与孩子之间建立基于快乐与喜悦的深厚情感纽带。

"哪个小宝贝饿了?""哦,你在看这个?这是什么?好玩吗?""怎么了?为什么哭?是累了吗?"这些温柔的话语,如同甘甜的雨露,滋润着孩子的心灵,激发他们的感知和自我反思能力。然而,当母亲陷入抑郁时,这个沟通与互动的温馨旋律便会在孩子心中戛然而止。引导孩子探索新环境、帮助他们面对迷茫与困惑的"旁白"也随之消失。

当母亲抑郁时,她对孩子的微妙示意和敏感反应将不复存在。孩子恐惧时的颤抖、兴奋或喜悦时的细微动作、疑惑的眼神以及渴望被抚摸或拥抱的小手，都将被忽视。孩子能迅速察觉到自己的内心状态是否得到传达。当这些信号被忽视时，它们会迅速消失。孩子不再愿意表达自己，也不再尝试与他人互动。重要研究表明，当母亲的表情变得僵硬、冷漠或毫无反应时，孩子会迅速陷入绝望的深渊。抑郁母亲的孩子面对的是一张缺乏兴趣和喜悦的麻木脸庞，孩子的表情也会逐渐变得与抑郁的母亲相似。

当母亲抑郁时，孩子便难以展现出健康、丰富的喜悦、好奇、幸福和兴趣，这些特质在一个快乐、满足的孩子身上是显而易见的。当母亲抑郁时，孩子表达悲伤、愤怒和厌恶的次数会增多。即使父母抱起他或与他说话，他也无动于衷。孩子以往凝视母亲时那份充满专注的眼神消失了，与他人的互动也缺乏深度和多样性。

即便母亲已从抑郁中走出，但产后抑郁的阴影仍可能长久地笼罩在孩子的心头。待到三岁之时，这些孩子在运用表达性语言方面的能力便显得相对有限。及至五岁，相较于其他孩子，那些母亲曾罹患产后抑郁的孩子更易被老师视为行为上的异类。他们缺乏健康孩子那种吸引他人与之互动的技巧，因此，在建立有益且互补的人际关系方面，这些孩子也显得力不从心。

母亲在情感上的长期缺席，将对孩子大脑的物理结构和化学环境产生深远的影响。母亲与婴儿之间的情感共鸣，即彼此间的情感交流，不仅是大脑发育的强力催化剂，更是构建有助于管理情绪、组织思维以及规划生活的关键大脑系统不可或缺的基石。积极的情感交流能够激发皮质醇受体的生长，这些受体负责吸收并缓解压力激素的侵袭。情感共鸣是大脑不可或缺的锻炼方式，它赋予了我们从失望与失败的泥沼中重新站立起来的坚韧与智慧。我们理解和应对复杂社交世界的能力，正是在母亲与婴儿的嬉戏互动与相互愉悦中悄然萌芽的。然而，患有抑郁症的母亲虽能勉强提供基本的照料，但其反应往往显得迟钝而笨拙，她减少了身体上的互动，减少了肌肤相亲的接触，几乎没有了嬉戏，也几乎没有了喜悦。

在孩子生命的每一个阶段，母亲的抑郁都可能成为这段至关重要的关系中的致命一击。随之而来的难题，我们表述如下。

- 我该如何与一个反应迟钝的母亲相处，才能维持与她的良好关系？
- 如果我选择不去适应她，那么面对内心的愤怒、愤慨和被背叛的感觉，我又该如何应对？
- 或者，我是否应该通过努力让她变得更好，进而实现我梦寐以求的关系，来作为我的适应方式？

模仿抑郁的母亲

十五岁的亚当过着双重生活。在学校里，同学们给他起了个绰号叫"僵尸"。老师们对他的评价莫衷一是，有时觉得他"呆若木鸡"，有时又觉得他"愚不可及"。甚至有位老师因对他的状态深感忧虑，坚持要对他进行药物检测。虽然检测结果表明他并未吸毒，但老师的担忧并未因此消散。随后，他接受了阿斯伯格综合征的评估。尽管他在与人交往时不使用肢体语言，且似乎无法与班上的其他同学互动，尽管他很少表现出情感或社交上的活泼，也缺乏自发的情感表达，但评估结果并未诊断出他有任何疾病。

在家里，他则表现得清醒、克制且体贴，努力减轻母亲的抑郁情绪对自己、对母亲以及对妹妹的影响。

亚当十一岁那年，放学回家时发现了母亲乔西不省人事的惨状——这是乔西痛苦地称之为"药量不足"所导致的恶果。这件事在亚当心中埋下了警惕的种子。每天上学前，他都会细心地提醒乔西自己确切的回家时间，他心中怀揣着一丝期盼，即便母亲正深陷抑郁的泥潭，也希望她能留意到自己孤独时光的终结。

当面对情绪低落的母亲时,孩子往往会不自觉地扮演起安慰者和守护者的角色。亚当便是如此,他成了母亲情感的支柱,与她一同承受那份情感的空白。由于母亲无法给予他情感的回应,他便主动去感知并反映她的情感状态。在她那狭窄的情感世界里,亚当学会了适应,并将其视为一种常态。通常情况下,父母如同一个"容器",他们不仅在字面意义上承载着孩子,更在情感上给予孩子支撑,即便自己正受到焦虑、恐惧或悲伤的困扰,也能保持个人的自我意识完好无损。然而,亚当的母亲却无法承载他的情感,于是,他便扮演了"承载者"这一角色。他努力吸纳并管理她的负面情绪,希望以此让两人都能平稳度过这段艰难的时光。

抑郁的隔离

母亲的抑郁常常会使孩子感到内疚,这种内疚感会以多种形式表现出来。亚当认为,如果自己表现出快乐,便是对母亲的背叛。在他看来,展现出与母亲情感状态不符的情绪是不恰当的。而同样十五岁的阿兰德拉则有着不同的看法,她认为,如果自己表现出悲伤,会加重母亲的"担忧"。在家中,她展现出一张与家庭成员和谐相融的

"家庭面孔",而一旦离开家门,她则换上了另一张截然不同的面孔。

阿兰德拉将自己的家庭生活——在那里,她将自己的情感深埋心底——与充满趣味课程、迷人朋友、戏剧性起伏以及挑战与忧虑的学校生活分隔开来。她压抑了青少年天然的对父母进行反抗和挑战的冲动,选择以一种更为成熟和理智的方式来应对家庭困境。十岁时,她会紧紧缠着母亲伊娃,渴望得到她的关注。即便伊娃呆坐不动,面无表情,阿兰德拉也毫不气馁——"妈妈,你看这个""我能吃点那个吗?""你觉得这样对吗?""我能看这个节目吗?""你会和我一起看吗?"然而,五年后,阿兰德拉不再试图与母亲交流。相反,她在母亲面前表现得既安静又乐观,态度淡然。"我在家跟妈妈在一起时总是很乐观,但不激动。我不能把我自己的事情都压在她身上。她需要空间来处理自己的问题。我给她空间。这是我在家要做的事。"

减少伤害

对于孩子而言,即便外界认为他们的家庭有多么奇特,他们也会以自己的家庭为基准来衡量何为正常。即便他们能看到其他家庭似乎有所不同，他们也会根据自己熟悉的情况来解释所见所闻。简在年幼时，曾认为自己的母亲与其他母亲并无二致。当她看到朋友的母亲与她欢笑交谈时，她相信在她离开后，那位母亲肯定会摘下"面具"。然而，如今十七岁的简已经意识到，她的大多数朋友真的拥有一位能与他们"一同欢笑、一同做事"的母亲。她试图与弟弟妹妹进行这种互动，保护他们，让他们不要像她曾经那样，认为没有人能与他们分享快乐与痛苦。

直到近几十年来，心理学家才开始意识到孩子在家庭中所承担的巨大责任。孩子们有时会承担大量家务以减轻父母的负担。有时，他们则像简一样，承担情感上的责任，保护兄弟姐妹免受孤独、悲伤或父母虐待的伤害。这份担当无疑能助力孩子培养出一生的宝贵技能，然而，对某些孩子而言，这份责任却如同一副沉重的枷锁，迫使他们为了满足他人的需求而牺牲自我。他们能够表现得镇定自若、能力出众，是因为他们已经放弃了自己实现创造性成长的机会。

修复一切

许多人认为，孩子生活在自我的小天地里，对他人的感受和需求漠不关心。发展心理学家也曾认为，幼儿缺乏"他者意识"，无法理解他人眼中的世界，无法体察他人的不同兴趣和思想。然而，最新的研究成果却为我们呈现了一幅截然不同的画面，揭示了孩子们对世界的深刻认知。

事实上，孩子们对他们所关心的人的想法、情绪和感受异常敏感。当母亲陷入不快乐时，他们会竭尽全力去安慰。若这种不快乐持续且深重，他们甚至可能将让母亲快乐视为自己一生的使命。

正如我与三十三岁的杰克逊交谈时，他总是一次次地重复："如果我不能让妈妈开心，那我就是个失败者。"

杰克逊的人生充满了值得骄傲的成就：他自学成才，完成了大学学业，偿还了所有债务，成了一名合格的会计师，深受同事们的尊敬。然而，他始终无法"修复"母亲的抑郁，这给他带来了深深的失败感。这种心态让他完全处于母亲的需求和情绪的摆布之下。

抑郁，这一常被视为被动痛苦的状态，实则往往伴随着强迫和操控。杰克逊的母亲爱丽丝便是如此，她每天都会给儿子打好几次电话，倾诉自己的情绪变化。每次通话结束时，她都会对杰克逊说："如果没有你，我不知道该怎么活下去。"这让杰克逊感到自己的努力得到了回报。然而，几个小时后，爱丽丝的情绪又会陷入低谷，要求杰克逊花半小时的时间安慰她。当杰克逊无法通过电话交谈控制她的情绪时,他甚至会取消晚上的所有计划,驱车两个小时去看望她。然而,当他离开时,爱丽丝的情绪看似有些好转,但当他到家时,一条电话留言正在等着他,告诉他她的情况又恶化了。

爱丽丝完全沉浸在自己的痛苦中,对自己给儿子造成的束缚浑然不觉。杰克逊则感到自己有责任管理母亲无法控制的情绪,他不愿承认自己的努力已经达到极限。每当他试图安慰母亲、减轻她的抑郁时,爱丽丝只会短暂地表示感激,随后又请求他:"我不开心,让我感觉好一点。"这让杰克逊陷入了两难的境地:"要么不断努力满足母亲的(不可能的)需求,要么感觉自己糟透了。"

持久的影响

爱一个抑郁的母亲,需要她,并试图治愈她,这样的经历会留下独特的影响。情感缺席型母亲的儿女往往难以准确判断他人的情绪。由于习惯了平淡或消极的情感色调,他们可能会觉得日常情绪过于极端。普通的情绪在他们看来可能过于夸张、放纵,甚至陌生而危险。这份独特的经历,既是对他们成长的一种挑战,也是他们人生旅途中一道难以磨灭的印记。

在亲密关系中各自应扮演的角色上，他们可能深受某些根深蒂固的观念影响。我称这些观念为"潜在假设"，因为它们为孩子们设定了一系列被视为理所当然的规则，成为孩子们在与他人交往或相处中评判正常与否的标准。

第一个潜在假设是，他人的需求高于自我需求。

许多曾与患有抑郁症的母亲共同生活且深爱着母亲的孩子，会逐渐形成一种信念，即无论自己的情绪多么积极，都是不合时宜且危险的。然而，丰富多变的情绪正是我们个性的展现。情绪可能美好，也可能糟糕，但无论如何，它们都反映着我们的喜好、需求和兴趣。当孩子们将注意力集中在总是痛苦且需要支持的母亲身上时（无论多么微妙），他们可能会认为控制情绪是维系关系的核心。他们运用"盒子"或"紧锁的门"等比喻来描述自己压抑情感的策略。他们可能因早已习惯于观察和监控自己所爱和依赖的人，而在解读他人情感方面表现出色，却将自己的感受最小化，甚至忽视它们。他们的潜在假设是："我的感受无关紧要，我在一段关系中的任务是管理对方的情绪。"

第二个潜在假设是，你必须始终扮演大人或负责人的角色。

扮演大人角色的孩子和青少年可能看似成熟且自控力强，但他们内心深处仍是无助和恐惧的孩子。当被要求承担超出能力范围的责任时，他们会形成一种高功能的伪装。为了维持这种伪装，他们不得不简化自己的思想和情感。他们在尚未探索自身兴趣和能力的情况下，就做出了成为大人的承诺，即便是在青春期和成年早期——年轻人通常会在这一阶段尝试不同角色、追求冒险、拥抱新理想。那些扮演母亲的疗愈者的孩子，拒绝了这种自我探索的广度。他们选择了一条简单的成长道路，避免了在更具挑战性的自我探索中产生的健康怀疑与不确定性。"必须成为可靠的成人"这一潜在假设，最终会导致他们心理封闭，错失更复杂成长的机会。

第三个潜在假设是，他人无法为你提供支持。

当一个孩子试图与患有抑郁症的母亲沟通却屡遭失败时，"母亲"的形象可能从充满生命力转变为苍白、无生命、死气沉沉。这一极端的潜在假设可能逐渐内化为："我内心的母亲已死了。"尽管现实中的母亲仍活着，但在孩子心中，她却是死气沉沉、冷漠且不可改变的。孩子经历了一段哀悼期，从抗议失去母亲，到对无法找回母亲感到绝望，最终与母亲疏离。他与母亲的互动看似正常，但对孩子而言，这些互动除了与幽灵般的形象进行例行公事般的交流外，几乎无其他意义。那些将"死去的母亲"形象内化的孩子，常将他人描述为"空壳"。他们认为他人戴着"情感的面具"，并不"真实存在"。患有抑郁症的母亲的孩子可能会持有这样的假设：无人能真正为他们提供支持，情感的流露也并非真实。即使表面上看似积极的交流也可能无法带来满足感，因为孩子可能认为对方的心已经死去。

不同的孩子，不同的反应

与难相处的母亲共处的经历会塑造子女的性格框架，但这些经历的影响既非决定性的，也非永恒不变的。"难相处的母亲"这一概念描述的是一种多面且多样的关系。尽管母亲拥有巨大的影响力，但孩子也在不断地解读和塑造这种关系。例如，一个孩子可能会觉得抑郁的母亲难以相处，而其兄弟姐妹却可能与同一位母亲建立起更加和谐且有益的关系。

有时，母亲对某个孩子的要求更高，可能是因为这个孩子是家中长子、更加顺从，或是更有能力。有时，母亲会基于性别、出生顺序或性格而偏爱某个孩子。有时，某个孩子会成为母亲怨恨或不满的承受者，或是成为母亲生活中所有不如意的替罪羊。然而，孩子也会影响母亲的反应。有些孩子能够安抚母亲、逗母亲开心或让母亲感到满足。因此，同一个母亲的孩子对她的感受可能会大相径庭。

假设两个孩子有一个长期患有抑郁症且对她们漠不关心的母亲。其中一个孩子是奶奶的"心头肉",奶奶对她呵护备至,经常夸奖她,带她出去玩,并关注她的兴趣。而另一个孩子则非常内向,让奶奶感到疏远。这个害羞的孩子察觉到了奶奶的不适,便去找妈妈。她发现,妈妈的情绪有时会好转。她意识到自己能够影响母亲的情绪,这让她感到很有成就感。于是,她反复练习这一技巧,并努力进一步发展。她发现自己在改善母亲情绪方面有着无与伦比的成功,因此,她将这份责任视为自己独有的使命。

不同的孩子对困境的遗传耐受性也存在差异。影响一个人对困境的敏感度的基因变异被称为"兰花基因"。携带这种基因变异的孩子会对压力过度警觉,而没有携带这一基因变异的兄弟姐妹可能对与他们有关的环境变化几乎毫无察觉。

出生顺序以及与兄弟姐妹的互动也会影响孩子与母亲之间的相处体验。例如,简的弟弟似乎没有受到母亲抑郁的影响,因为简在保护他。她把他带到厨房,关上门,制造背景噪声来掩盖母亲抽泣的声音。她弯下腰,凑近他的耳朵,用平稳而冷静的语气轻声说话。简扮演了"小妈妈"的角色,减轻了母亲的抑郁对弟弟的影响。

亚当和六岁的妹妹卡米拉对母亲也有着截然不同的感受。亚当觉得自己有责任管理母亲的情绪,而卡米拉则似乎对此毫不在意。她静静地坐在母亲旁边玩耍,母亲几乎面无表情,而她却自言自语,或是画画,或是和玩偶互动。电视的高音量似乎并未对她造成干扰,她偶尔会从电视中的对话和伴随的嘈杂声中抽取片段,融入她与玩偶的游戏中,或是她与自己的对话中。她一边画画,一边自言自语地解说,讲述着自己正在画什么,以及为画的哪一部分选择了什么颜色。

她时不时地转向妈妈,静静地凝视几分钟,仿佛在无声地交流。每当妈妈捕捉到她的注视,脸上便会流露出一丝温情。卡米拉的肩膀因内心的喜悦而微微颤动,随后,她又全神贯注地投入到她的画作中。对她而言,妈妈那些偶尔的、短暂的温情回应,似乎比妈妈持续的阴郁情绪更加重要。

在孩子与母亲的不同相处体验中,时机也是至关重要的因素。亚当出生后不久,乔西便因抑郁住院,因此在他生命最初的几个月里,当他的大脑正处于社会性发展的关键阶段时,他的内心状态未能得到母亲的及时回应,从而错失了一些关键的早期刺激。这在一定程度上影响了亚当捕捉情绪信号的能力。相比之下,卡米拉所感受到的、令她欢欣鼓舞的微笑,在亚当那略显迟钝的情感雷达上几乎没有留下任何痕迹。他与妹妹尽管有一个共同的母亲,却生活在截然不同的关系环境中。

身为人母
母亲的爱影响孩子的未来

审视情感缺席型母亲带来的影响

进行个人审视的第一步是识别自己在与母亲艰难相处的过程中所形成的潜在假设。这些假设可能深植于心底，你或许从未深思过它们，但它们却在无形中塑造着你的行为模式、对他人的期待以及你对他人行为的解读。以下问题或许能帮助你揭示这些潜在假设。

- 你是否认为社交互动的目的是调节他人的情绪？
- 当你问自己是否"应该"开口或保持沉默，是否"应该"和某人共处一室或留他们独处，是否"应该"去看望他们，是否"应该"按他们的要求去做，即使这对你很不方便时，脑海中会闪过什么念头？
- 你是否会焦虑地观察他人的反应？
- 你是否经常发现自己被一些令人担忧的问题困扰？"当我告诉他们这个消息时，他们会高兴吗？""我为他们做这件事时，他们会高兴吗？""如果我忘记了什么，没注意到什么，或者拒绝按他们的要求去做，他们会崩溃吗？"

- 当你考虑自己对他人的影响时,你是否会在希望和恐惧之间摇摆不定?
- 你是否认为自己有责任察觉每个人的感受?

第二步是在与母亲互动时,将这些潜在假设与你自己的兴趣和愿望进行权衡。"权衡"在这里指的是在心中衡量自己背负的重担。

- 你是否觉得自己在行为上有选择权,还是说她的愿望一次又一次地支配着你的行动?(这可能只适用于你的母亲,你可能已经把与难相处的母亲相处的策略当作一般策略来采用了。)
- 如果你决定不做她要求的事,或不做你想象中她想要你做的事,你是否会反复思考可能的惩罚性后果?
- 你是否焦虑地专注于他人的情绪和心情?
- 你是否总是试图猜测并满足他人的需求?

第三步是评估这些潜在假设的普遍性。你可以通过以下问题来审视这些假设是否塑造了你的身份。

- 我是否认为自己"好",因为我能让别人快乐?
- 我是否有责任观察他人的情绪,并帮助他们管理这些情绪?

- 我是否一想到无法"修复"别人的情绪就会感到恐慌？
- 我是否认为自己的情绪是异样的，甚至是危险的？

第四步是考虑这些潜在假设在多大程度上主导着你。

- 他人的不快乐，无论是被动呈现还是公开表达，是否在你的决策过程中占据中心地位？
- 当别人显得漠不关心、痛苦或心烦时，你是否会感到自己的优先事项发生了突然的转变？
- 你是否会搁置自己的短期、中期甚至长期计划，去处理另一个人的情绪？

第五步是识别由这些潜在假设指导的具体行为。

- 回想一下过去几周或几个月里，你根据已经识别的潜在假设所做的各种事情。可能是你去拜访了某人，送了礼物或发出了邀请，或者说了什么话。评估这些行为对你情感上的负担有多重。

这次深刻的自我审视将帮助你揭露那些束缚你的潜在假设，让你理解自己过去做出的一些令人懊悔的决定背后的原因。

个人审视实例

虽然本章的部分案例研究聚焦于尚未具备自我情感审视能力的年轻人,但假设三十三岁的杰克逊要进行这项审视,他的过程可能会从以下问题开始:

- 我是否觉得自己有选择如何行事的自由,还是说母亲的意愿一再左右我的行动?

接着,他可能会进行如下反思:

> "我的潜在假设是,只要我满足母亲的所有要求,她就会开心,而我应该竭尽所能让她开心。如果我没按她的要求做,我的心就会沉到谷底,心头就会压着一块焦虑的石头。"

将这个潜在假设揭示出来,便能清晰地看到它对自己的束缚。

假如他进一步问自己:

- 我是否认为,只要能让别人开心,我就算是个"好人"了?

这时他可能会反思:

> "我一直将自己视为好儿子,因此每周都会驱车去看望母亲,希望她能看到我的努力,这会让她感到欣慰。当她不开心时,我会放下手头的一切去安慰她,全力缓解她的痛苦。但当这些努力只是暂时有效时,我就会感到自己很失败。我甚至担心她会离我而去,而我将为此承担全部责任。"

这将他"好儿子"的身份与潜在假设紧密地联系在一起。如果他继续追问:

- 我是否需要时刻关注他人的感受,并为此负责?

他可能会探究自己的深层次动机:

> "这个周末我去看她,是因为她听起来情绪低落,我想让她开心起来。这是我通常的做法,我总是这样为母亲付出。当别人向我提出要求时,我会感到非常焦虑。我觉得说'不'很难,因为我担心如果拒绝他们,他们会感到崩溃。"

从这次审视的这一点开始,杰克逊可以开始考虑是否应该调整一些行为假设。当然,这并不是一件容易的事。长期以来,他一直担心自己的行为或不作为会"害死"母亲,或者担心她内心早已"死去",这些焦虑情绪并非一朝一夕就能消除的。但一旦这些焦虑浮出水面,它们就可以成为挑战和修正行为的参考点。

调整心态

在与难相处的人打交道的过程中,我们可能会形成一些潜在假设,这些假设会增强我们的共情能力和人际交往能力。与难相处的人共同生活,能够锻炼我们的理解与协商能力。通过应对抑郁母亲的经历,我们或许能收获以下积极启示。

- 如何扮演一个"容器"的角色,包容他人的负面情绪。这意味着,即便对方情绪极度低落,你也能展现出自己的坚韧与完整。一个作为"容器"的人,能在他人情绪失控时保持自我调节。
- 如何"解读"他人,关注那些微妙的面部表情和肢体动作,这些往往能透露出人内心的波澜。
- 如何敏锐地捕捉到他人情绪低落时的细微信号,并以此为契机,引导出积极的变化。

当然,与抑郁的母亲互动也可能带来诸多负面影响,如:

- 忽视自己情感的价值。

- 在他人不开心时,产生内疚感。
- 无法接纳自己的情绪。
- 封闭自己对自我探索、成长和自信的追求。

审视后的思考

改变根深蒂固的潜在假设意味着要重塑自我认知。这些内化的行为准则已融入你的生活,要改变你对待世界和人际关系的方式,就像在推翻旧有的自我。"如果我不再以这种熟悉的方式看待自己和与人相处,我将会变成什么样?"你可能会这样问自己。凯瑟琳·哈里森(Kathryn Harrison)在回顾自己与难相处的母亲的关系时写道:

> "如果没有我的母亲,我会是什么样子?我一生都把自己视为她的孩子,视为那个努力让她爱我的孩子。没有她,我就只剩下这片……这片空白。"

"这片空白"不必永远空着。它可以被新的故事填满,这些故事能赋予人的经历以新的意义,并引导我们形成新的潜在假设——这些假设将扩展并释放我们的潜能。迈向新故事的重要一步,就是理解旧故事。

第八章
我是否是一位难相处的母亲

难当的母亲

谈及"难相处的母亲",这一问题仿佛条件反射般跃然心头:"我是否也是一位难相处的母亲呢?""难相处的母亲"这一词汇本身就足以勾起人们的焦虑。种种忧虑纷至沓来:

> "我是否在不经意间做出了伤害孩子的举动?"
> "那次,孩子只是渴望再聆听一个故事,或是希望在上床睡觉前再多享受几分钟的自由时光,而我却失去了耐心。这是否也对他造成了伤害?"
> "我那次猛地关上卧室的门,大声喊道'吃完饭再走!',还曾因为他在倒牛奶时不慎洒在麦片上而责备

> 他，我是否在他心中塑造了一个永远愤怒、永远挑剔的'怪兽母亲'形象？"
> "我长时间投入工作，是否会给孩子带来伤害？"
> "我制定的规则是在保护她还是伤害她？"
> "我是否能成为最好的母亲——值得孩子拥有的母亲？"

"母亲"这一概念蕴含着沉甸甸的责任与力量，以至于母亲常常被视为孩子身心健康的全权守护者。诚然，母爱在一定程度上对孩子的成长至关重要，它也被深深镌刻在我们的文化之中。然而，母亲对孩子的情感并非全然积极，其中也夹杂着复杂的情绪。母亲难免会有不耐烦的时刻，而这与文化中塑造的母爱典范相去甚远。在悉心照料孩子的同时，母亲往往难以兼顾自己的兴趣与目标，这可能会给她们本应有的幸福感与满足感蒙上一层阴霾。这些过高的期望催生了对母爱不切实际的理想化认知，迫使一些母亲不得不隐藏自己的真实感受，以求得他人的接纳。

在本章中，我深入探讨了众多母亲所担忧的问题：她们丰富而复杂的人性，是否会让自己成为难以相处的母亲？我清晰地区分了母亲在育儿过程中所面临的普遍挑战与成为难相处的母亲的特殊情况。随后，我将探讨这些"难相处的母亲"在童年时期可能遭遇的经历,这些经历往往会形成一种恶性循环:母亲可能会不自觉地重复自己童年时经历的艰难关系,而她的孩子在未来成为母亲后,也可能会陷入与孩子之间的艰难关系中。在揭示这一重演机制的过程中,我们将共同探寻打破恶性循环的有效途径。

是难相处的母亲还是真实的母亲

人类出生时极为无助,这种状态对于其他物种而言,甚至会被视为早产。小牛出生后几小时内便能站立行走;小猫在两个月大时便能离开母亲,独立生活;灵长类动物一出生便有毛发,可以依附在母亲身上,主动寻求亲近;但人类婴儿在出生时,却完全依赖于照料者的呵护。在能够独立生活之前,人类需要历经数年的精心照料,因此,他们对任何被抛弃或忽视的迹象都异常敏感。

人类婴儿唯一的力量就是能够激发他人的照料本能。这种照料对他们的生存至关重要,而且其满足的需求远不止生理层面。照料是建立亲密关系的基石,让孩子能够感知自我。在这种互动中,婴儿逐渐获得了反思自身想法和感受,以及理解他人的能力。当母亲照顾婴儿时,双方都会发挥想象力，对彼此感到好奇并相互理解。在这个过程中，婴儿逐渐构建出一个拥有思想和感受的个体形象，这个形象会与同样具备思想和感受的其他人进行交流。

在整个童年和青少年时期，母亲的一言一行都会通过孩子的视角被放大。母亲的言语和动作塑造了孩子在这个核心关系中不断建立并测试的内部工作模型。这段亲密的经历赋予了母亲一种特殊的力量。这种力量在大多数情况下是积极的。然而，考虑到孩子对独立和个性的追求，即使是一个相当出色的母亲，她的力量也会受到一定的抑制和反抗。

母亲的大部分力量源自孩子内心深处对她的内化形象。在菲利普·罗斯（Philip Roth）那部经典且颇具争议的小说《波特诺伊的怨诉》（*Portnoy's Complaint*）中，他以幽默生动的笔触，描绘了一个孩子心中坚信母亲无处不在的强大幻想。小说开篇几页便描述了亚历山大·波特诺伊（Alexander Portnoy）童年时坚信母亲无处不在的奇妙想法，这一信念在他遇到的每一位重要女性身上都有所体现。在学校里，亚历山大深信不疑地认为，他的老师其实就是他母亲以某种巧妙的方式伪装的。他对她能随心所欲地变换形态、更换衣服，甚至模仿出截然不同的声音感到惊叹。他每天放学后飞奔回家，惊讶地发现母亲总是比他先到家，坐在厨房里，仿佛从未离开过。他既钦佩她的魔力,又感到害怕:"我甚至担心,如果我看到她从学校飞到卧室的窗前,我可能会被赶走。"母亲的形象填满了男孩的内心世界,他在每个女性身上都看到了她的影子。她始终陪伴着他。

这种强大的内化存在带来了安慰,但也在某种程度上引发了不安。通常,随着我们长大,母亲的内化形象会逐渐淡化,但菲利普·罗斯提醒我们,即使在成年后,我们也可能被一个始终存在的内化母亲影响。这可能让我们既想控制她,又想将她理想化。母爱本应是无私的;母亲应始终全心全意,随时待命。如果她能达到这些严苛的标准,那么她的孩子就不必为自己的依赖感到焦虑。佩格·斯特里普写道:"母亲在我们的文化中是一个神圣的概念,拥有属于自己的神话。"这个神话的一个来源便是人们对母性力量的普遍不安。

将母亲的情感视为神圣不可侵犯,且不受人类节奏多样性的影响,这种观念促使一些女性躲在"母亲身份的面具"之后。而艾德里安娜·里奇(Adrienne Rich)便是最早揭开这一面具背后真相的作家之一。在她1976年出版的著作《女人所生》(*Of Woman Born*)中,里奇无畏地揭示了母爱中所蕴含的复杂矛盾、重重困难与深深困惑:"我的孩子为我带来了我所经历过的最为细腻的痛苦。这种痛苦源自一种矛盾——在苦涩的怨恨与敏感的神经,以及幸福的满足与温柔之间，出现了一种致命的交替。"

当有人敢于发声时，往往会激励其他人也勇敢地揭开自己长久以来深藏的秘密。那些曾经被边缘化的模糊身影，如今已走进中心视野，变得异常清晰。在里奇发表这段勇敢的言论二十年之后，安·洛芙（Anne Roiphe）写道："有了孩子之后，想要表达对生活的满意变得极为困难，因为无时无刻不在生气……猛烈的愤怒如同夏日的暴风雨，而那种隐藏的愤怒，则时常在你未曾察觉的情况下，影响着你的言行。"

然而，关于母爱的神圣神话依然在许多文化中根深蒂固。当母亲无法达到这些不切实际的理想标准时，她可能会担忧自己无法成为一个"足够好的母亲"。于是，她戴上了面具，去感受自己认为一个母亲应有的感受。《家里的母老虎》（*The Bitch in the House*）这部强有力的散文集，记录了真实的母亲们与这些难以实现的理想进行内心斗争的故事。这些文字打破了对于无私、永远充满爱的母亲的神圣期待："当绝望的情绪涌上来时，我会用罗杰斯先生的声音说话，"克里斯汀·范·奥格特罗（Kristin van Ogtrop）写道，"我的头仿佛随时都会炸裂。"在这股内心的爆发中，她想象着邻居们面带微笑，被我想象中冷静的配偶一一接走，然后被平静地护送回那个井然有序的家，在那里，孩子们已经洗完澡，乖乖地准备上床睡觉。但对她而言，"是时候开始大喊大叫了。"

继承了母亲那种对愤怒与争执避而不谈，反而以"过分小心"的方式处理的母子关系形象后，埃莉萨·夏佩尔（Elissa Schappell）将自己的愤怒视为危险之物。当她流露真实感受时，孩子们会不会被吓跑？尽管她拼尽全力去尝试，却仍然难以抵挡那种在看到孩子们嬉戏捉弄时如潮水般涌来的挫败感。"如今，我不但经常因挫败感而尖叫，更为自己竟然为这些琐碎之事大喊大叫而感到困惑不解。"

在日复一日照料孩子的琐碎中，疲惫感、压力以及不耐烦笼罩着每一位母亲。然而，那些愤怒的汹涌波涛与潜藏的矛盾却常常被刻意回避，因为它们被视为不可接受的情绪。这些内心的枷锁非但没有保护孩子免受难相处母亲的影响，反而可能阻碍了母亲全面审视自己的情绪、行为以及孩子的反应的能力。

在衡量自己与理想母亲形象的距离时，范·奥格特罗和夏佩尔不禁怀疑自己是否是不称职的母亲。但在描述她们的困境时，她们恰恰展现了正常的愤怒与矛盾心理以及可能导致难相处关系的反应之间的区别所在：那就是洞察与理解。范·奥格特罗注意到，当她用"罗杰斯先生的声音"说话时，这段关系便带上了一层虚假的色彩。夏佩尔则意识到，她对孩子们争吵的恼怒源于自己的压力、疲惫和有限的耐心，而非孩子们本身怀揣恶意。当孩子们为

"惹怒"她而道歉时,她的心瞬间融化,双方给予的慰藉是相互的,也是具有治愈性的。对自己的行为和孩子的反应的洞察,构成了防止自己成为难相处的母亲的最坚固的防线。

关键差异:洞察与无知

我们往往能敏锐地洞察那些对我们至关重要之人的内心世界。我们的生活品质、舒适程度以及社会的和谐稳定,都取决于我们能否准确预判自己的言行将如何影响他人。我们努力去理解他人为何会以特定的方式回应我们,但并非总能做出正确的判断。有时,我们可能在会议结束后自信地认为已经清晰表达了观点,言辞得体,却随后发现冒犯了一位同事,因为他从我们的话语中解读出的含义与我们想要传达的截然相反。当事情出错时,我们往往更容易归咎于他人,而忽视自身的问题。但在亲密关系中,我们拥有无数机会去完善自己的理解。母亲与孩子之间的核心使命是相互了解,预测并有效应对对方的需求与行动。母子间心有灵犀,因此母亲很难不被孩子的情绪牵动。一个难相处的母亲必须付出极大的努力来维持自己缺乏洞察力的状态,她紧紧守护着自己构建的封闭叙事,并将这种观念强加给孩子。这种封闭而固执的心态阻碍了任何可能的改变与调整，使她逐渐脱离了一个经得起检验与审视的现实世界。

足够好的母亲与难相处的母亲之间的区别在于，前者能够反思自己的愤怒、不耐烦和矛盾心理。反思意味着愿意转变视角，学会在人际关系中适度调整自己的需求；意味着拥有想象力，能够预见他人如何回应自己的言行；意味着即使面对负面回应，也能理解其合理性；意味着即使孩子的感受和想法与你的预期或愿望不同，你也要敏锐地捕捉到孩子的情绪和想法。

难相处的母亲中最常见的特征之一是她们在坚守最初立场时表现出的顽固心理僵化。这种僵化与她们避免深刻自我反省的灵活机敏相互交织，塑造出一种既充满偏见又不失聪慧的复杂性格面貌，这种复合特性着实令人困惑。

维持缺乏洞察力状态的常见策略

难相处的母亲为了维持自己缺乏洞察力的状态，紧紧封闭自己的视野，不让他人窥探其内心，会采取一系列惯用的策略。这些策略包括：

- **拥有叙事主权**：通常以"父母知道什么是对的。孩子需要由了解真相的人来告诉他们真相"的形式出现。在这种心态下，孩子自己的知识和感受被边缘化。

- **贬低孩子的经验**：与拥有叙事主权密切相关的是全局性信息，"你根本不知道自己在说什么。"这种信息传达的意思是：无须考虑孩子的观点，因为孩子可能会犯错，记忆模糊，甚至会编造事实。父母才是唯一真正了解一切的人。

- **宣扬高地位**：这种心态通常以"我应该得到更好的待遇"或"你应该对我更加尊重"的形式表现出来。在这样的背景下，一旦孩子试图表达个人见解，就会被视为犯下了滔天大罪，并因此受到惩罚。问题的核心始终围绕着孩子对母亲所欠的"债"。

- **将责任归咎于孩子**：父母常常会说"你让我生气了。你满意了吗？你说你不喜欢我大喊大叫，可正是你让我大喊大叫"。这样的话语为愤怒情绪，甚至是虐待性的愤怒提供了看似合理的借口。孩子，而非父母，被当作母亲愤怒情绪的根源与责任所在。

- **自怜自艾**：当孩子表达不满时，母亲往往会用

"那我呢？"来回应，以此表明同情和理解是有等级的，她始终排在第一位。

- **比惨**：这与自怜自艾的情绪紧密相关，就像母亲与孩子在进行一场关于谁更痛苦的较量。"你根本不知道我经历过什么"这样的开场白，意在剥夺孩子抱怨或尝试改善关系的权利，因为母亲声称自己与上一辈的关系更加艰难。

- **全盘否定**：一个被贴上"被魔鬼附身""天生顽劣"或"被宠坏了"标签的孩子，自然没有资格要求别人倾听自己的观点。

- **以关心之名行批评之实**：母亲常常暗示孩子的行为可能是某种疾病的征兆，当孩子未能符合她的期望或偏离她设定的行为框架时，她可能会说"你好点了吗？"这样的话语让同情取代了对话。这种策略实际上是在暗示，任何负面情绪都是不可接受的，不满或单纯的意见分歧都被视为疾病的症状。

- **口是心非**：母亲可能会说"我可不敢阻止你做自己想做的事"或"你知道你可以告诉我任何事情"，但这些话往往与她的实际行动大相径庭。

- **敷衍与搪塞**：母亲可能会用"嗯，对，嗯哼"等话语来回应孩子，看似在倾听，实则心不在焉。

这种回应往往伴随着注意力不集中、回避要点以及提出与主题无关的问题或发表不相干的评论，是典型的表面化回应，缺乏实质性的内容。

- **空洞的承诺**：这类承诺看似充满希望，但实际上是不切实际的。例如"我会弥补你的"或"你长大后一定会感谢我"，这类话语往往让孩子无言以对。
- **焦虑转移**：当提出的问题触及家长的观念时，她可能会通过释放焦虑来转移话题。这就像按下喷雾器的按钮，让整个空间充满尖锐而令人不安的焦虑气息，影响着在场的每一个人。孩子可能会选择逃离或试图安抚家长的焦虑情绪。
- **公然否认**：母亲可能会说"我从没说过那种话"或"我们家没人是酒鬼"或"没人伤害过你"，有时这种否认还带有权威性，如"我们家不允许说这种话"。
- **嘲笑与讥讽**：这是一种极具杀伤力的武器，能够迅速摧毁孩子认为自己有权发声的信念。母亲可能会说"你以为你是谁？""你觉得你很聪明吗？"或"看看你自己，你有什么资格跟我说这些？"。这些话很可能会抑制孩子试图改善亲子关系的努力，让他们停滞不前。

- **合气道策略（Aikido）**："合气道"作为一种武术，其精髓在于借力打力。在对话情境中，这种策略则表现为将孩子的言辞反转过来，作为攻击他们自身的武器。一旦孩子表达出愿望、需求或对母亲的批评，母亲就可能利用这些言辞来"证实"孩子"不听话"或"品行不佳"。频繁地采取这种手段，让孩子用自己的话伤害自己，不断证明孩子是错的，这无疑会极大地打击孩子的开放性，甚至可能导致亲子间的对话彻底中断。

难相处的母亲与其童年经历

当我与一些被儿女形容为"难相处"的母亲交谈时，常常发现自己难以深入探讨她们的童年经历。她们要么无法专注于某个具体的事件，要么总是重复描述几个印象深刻的事件，用词简单且局限。有时，她们的叙述会充满矛盾，其指责往往与事实不符。她们的回忆也模糊不清，充斥着笼统的概述，仿佛那段时光缺乏清晰的记忆与细腻的情节。当我试图引导她们深入分享具体的生活片段时，时间线在她们的叙述中变得错综复杂，她们难以厘清事件的先后顺序，她们的故事难以追踪。在提及家庭成员时，她们会混淆父母、叔叔或兄弟姐妹的名字。有时,话语间会突然中断,对自己刚才所言表示疑惑,或反复询问我之前的问题,以示确认。她们的话语时常中断,思绪难以连贯。有时滔滔不绝,但其实是在反复兜圈子,似乎语言成了掩盖深层交流的屏障。当我建议她们审视自己孩子的童年经历时,她们大多回避,否认孩子曾遭遇不快。

我不禁好奇,她们是否也曾有过难相处的母亲?是否有人抑制了她们渴望理清生活的自然需求?她们的童年经历是否影响了她们对孩子的回应方式?

所有父母都曾是孩子,都曾渴望从母亲那里得到回应、安慰和交流。如果母亲让他们失望,忽视了他们的需求,面对随之而来的批评与轻蔑,他们是否会想方设法弥补,对自己的孩子更好?大多数曾经历过难相处的父母的人,都希望给自己的孩子更多的爱、理解和支持,远超自己曾经得到的。然而,结果却可能是,这些曾经有过艰难的亲子关系的人,最终也会成为"难相处的父母"。

有一种令人不寒而栗的现象,那就是我们往往会在无意识中重演童年的困境,并复制那些曾让我们深感不适的人际关系。那些父母曾有过酗酒行为或虐待行为的孩子,可能会试图在朋友或伴侣那里寻求慰藉,却发现自己家庭生活中最艰难的部分,竟然在新的关系中再次上演。心理学家们一再观察到,人们常常不自觉地陷入并重复着那些自己渴望逃离的关系模式。那些与父母关系紧张的孩子，往往会不自觉地将相同的关系模式套用到自己的孩子身上。无论他们多么坚定地想要保护孩子免受自己曾经历的痛苦，却仍可能发现自己不自觉地重复着父母曾对他们说过的表达愤怒或控制的话语。

过去的幽灵始终潜藏在我们心灵的最深处。塞尔玛·弗雷伯格（Selma Fraiberg）在其启发性文章《育儿室里的幽灵》（Ghosts in the Nursery）中，深刻剖析了这些幽灵如何在代际间悄然传递。每个孩子都会不可避免地受到父母那些"已然遗忘的过去"的潜在影响，陷入相似的困境之中。弗雷伯格提及了一个五个月大的婴儿，他发育迟缓，体重增长停滞，面容严肃，肢体僵硬，表现出异常的孤僻，以及一种令人不安的"独立"——他会自己努力凑近奶瓶，却完全不见婴儿通常表现出的需求或恳求的明显迹象。当弗雷伯格观察这位男孩的母亲时，发现她对宝宝的哭声无动于衷，尽管这哭声让旁观者都感到心痛。弗雷伯格从这哭声中察觉到了异常——那些哭声缺乏婴儿常见的急切与希望的节奏。虽然男孩的母亲会保持他身体的清洁，给予他温暖，并喂养他，但在执行这些看似单调的任务之前，她总是先疲惫地叹一口气。

最终，弗雷伯格揭示了母亲抑郁的根源——她自己就曾在孩童时期遭受忽视与遗弃，从未体验过眼神交汇时那种涌动的"眼神之恋",也未曾感受到母亲对她的痛苦或喜悦的回应。在她的婴儿时期,向母亲投去渴求的目光只是徒劳。如今,当她与自己的孩子互动时,那些被深埋的痛苦记忆被唤醒,负面情绪如潮水般涌来,让她无法回应自己的孩子。

那些隐藏在深处、未被正视的记忆,其蕴含的力量绝不可轻视,尤其是当它们给人造成心灵上的痛苦时。这些幽灵般的存在弥漫在我们的情绪之中,左右着我们的行为。正如弗洛伊德所言:"一件未被理解的事情,必然会再次出现;它就像一个未被安葬的幽灵,直到谜团解开,魔咒破除,它才能安息。"将母亲禁锢在无尽循环中的,并非她过去的痛苦本身,而是她未能理解和把握那份痛苦的意义。弗雷伯格发现,解开谜团——即认清并理解自己的痛苦——可以打破那个幽灵的魔咒,让母亲以全新的视角看待孩子,并学会以一种截然不同的方式去回应。

爱的重复模式

每一对母子都有独特的关系,但在这无尽的个体差异中,我们依然能够观察到母子依恋的一些基本模式。例如,安全型依恋能给予孩子稳定与安全的感觉,这种依恋模式存在于大约三分之二的母子关系中。而剩余的三分之一则属于不安全型依恋，其中约有8%至10%表现为焦虑型依恋，即孩子对于父母表达的爱意与其实际投入之间的不一致感到困惑不解。置身于这种双重束缚或矛盾信息之中的孩子，可能会感到极度焦虑，因为他们似乎无法把握真实情况。在矛盾型依恋关系中，母亲的情绪往往会在慈爱与温柔、愤怒与威胁之间莫名其妙地摇摆不定。面对这种难以预测且缺乏一致性的情绪变化，孩子会努力尝试安抚母亲，急切地想要控制和监视她不断变化的情绪。如果矛盾重重，那么这种依恋很可能被评估为"不安全混乱型"。

多年来，众多心理学家始终聚焦于依恋模式如何从外祖母传递给母亲，进而再影响孩子的这一现象。一位女性真诚地表达道："我渴望能以比我母亲对我更加充满爱意、更加开放和可靠的方式来对待我的孩子。"然而，开辟一条全新的亲子关系道路绝非易事。即便一个女人下定决心要与母亲的做法截然不同，她也可能会不自觉地重演自己那些熟悉而又艰难的母亲角色模式。在探究这种仿佛幽灵般传承的奥秘上，玛丽·梅恩（Mary Main）取得了重大突破，她设计了一套问题和探究手段，用以揭示母亲自己早期的依恋经历。那些自身拥有安全型依恋的人，更容易与孩子建立起同样健康的依恋关系；而那些对孩子展现出矛盾或疏远态度的人，则往往反映出她们与母亲之间的关系也同样充满了困扰与挣扎。

我们的记忆远远超出我们以为的被遗忘的界限。它们可能在某种强烈的"回忆情境"中被唤起，即便我们努力翻开新的一页，我们的行为依然会受到那些未曾安放的幽灵的牵引。

幽灵般的记忆

照顾婴儿是一个充满亲密与情感的过程。那些看似平凡的抱抱、喂奶动作，常常会唤起我们关于自己曾经被母亲照料的记忆。在不知不觉中，你会不自觉地从自己婴儿时期的情感和行为中汲取力量，尽管这些记忆已经很久没有在我们生活的其他方面浮现。丹尼尔·斯特恩（Daniel Stern）写道：

> "这种新的回忆情境，是母亲重新构建自我身份——作为女儿与作为母亲——的重要素材。在这个回忆情境中，关于母亲的旧有图式将会涌现，并渗透到新晋母亲的体验之中。"

第八章 我是否是一位难相处的母亲

当痛苦的经历未被正视与承认时，它们就会化作幽灵，在母子关系中悄然显现。你的母亲在你出生之前所承受的创伤，即便她对此保持缄默，也可能会对她回应你的方式产生影响，进而让你有所感知。在一项个案研究中，有一位男士时常感到焦虑不安，他眼中的世界仿佛充满了恐惧，时刻警惕着突如其来的暴力事件，尽管他自己的亲身经历中并无任何能够解释这种情绪的因素。他无法抑制内心的恐惧，这强烈地暗示他的大脑曾暴露于异常高水平的应激激素之下，同时他的应激化学物质的受体水平也低于正常范围。然而，就他本人或其他人所了解的情况来看，他从未遭受过任何形式的创伤。

精神分析学家路易斯·科佐利诺（Louis Cozolino）在与这位男子的母亲交谈后了解到，她的母亲在童年时期亲身经历了大屠杀，目睹家人被盖世太保带走。然而，她从未向人提及自己在与家人分离时所承受的痛苦以及艰难求生的经历。但这场创伤让她时刻警惕着灾难的降临。她以为，把曾经的创伤经历隐瞒起来就能让儿子免受伤害。然而，和大多数人一样，她远远低估了自己在不经意间向孩子传递的关于自己和过去的信息量。那些过往留下的幽灵，特别是那些未被言说的幽灵，往往能够跨越世代，继续影响着后人。

无论多么沉重，记忆都不会将人的行为永久定格。在回应孩子的过程中，母亲自身也在经历着持续的蜕变与成长。关系是双方共同创造的。母亲的记忆背景起初或许会引发焦虑与矛盾，但正如萨拉·布莱弗·赫迪所指出的，孩子们已经进化成为"积极分子与推销员，为自己的生存而谈判"。他们自出生起就擅长用迷人的眼神吸引照料者，用崇拜的目光追随，对声音和触摸进行回应，以此赢得照料者的喜爱与关注。他们也擅长精准表达需求，哭声拿捏得恰到好处，足以触动每一个富有同情心的人前去安抚，使他们安静下来。婴儿更是互动设计的高手，每一次互动都是构筑关系的重要基石。一位带着痛苦记忆背景踏上复杂育儿旅程的女性，起初可能会步履维艰，过往的幽灵会干扰她与孩子进行心灵沟通的流畅步伐，但她的孩子可能会成为一位卓越的导师，通过互动教学，迅速引领她成长为一位自信、有回应的母亲。

许多经历过剥夺、遗弃、残忍对待与虐待的母亲，仍然能够与孩子建立起深厚而和谐的关系。当母子间的交流变得比母亲记忆中的互动模式更加重要时，恶性循环就可以被积极的依恋循环取代。打破恶性循环的关键不在于抹去记忆情境，而在于利用记忆进行反思并调整反应。塞尔玛·弗雷伯格描述的那位母亲，在孩子哭泣时只是被动地坐着，当五个月大的儿子因愤怒而涨红脸时，她的脸上却毫无表情，她缺乏照顾和安慰的肢体记忆。她沉浸在自己的世界里,如同梦游一般,遥不可及,根本不知该如何与婴儿互动。但当她揭开自己被忽视的痛苦记忆时,她意识到自己必须重新学习,尽管没有身体上的记忆来指引她。弗雷伯格总结道,育儿室里的幽灵并不会让"病态的过去盲目重演"。如果一位女性能够清晰地讲述自己的经历,并反思自己的不安与渴望,那么她就能看清是什么伤害了她,从而保护孩子免受类似的情感创伤。

"难相处的母亲不会学习"这一观点是错误的

学习新的方式来发展和维持关系总是有可能的。"老狗学不会新把戏"这一说法既不准确又危险。早期经历确实有着巨大的影响,但我们可以转换视角并培养新的习惯。随着观察、评估和重新思考的能力重塑我们的大脑回路,我们实际上可以改变自己的想法。

那些营造出紧张关系氛围的母亲往往不会考虑自己的行为可能存在其他解释,也不太可能从孩子的角度看待问题,更不承认自己的行为可能产生与初衷相悖的效果。她们带着强烈的自以为是勇往直前,对任何企图调整其视角的尝试都感到愤怒。在这种心态的驱使下,她们很容易将孩子为争取自身权益、像"积极分子与推销员般努力为自己的生存而谈判"的行为，视为敌意、怪异，甚至在极端情况下，认为那是邪恶的举动。

当然，母亲是可以成长和学习的。"难相处"并不一定是永恒不变的标签。在弗雷伯格的临床干预下，那位在孩子哭泣时只是被动坐着、缺乏热情去"照料"孩子的母亲，后来成为一位积极投入、有回应的母亲。大多数人都能借助临床干预或个人努力来提升自己的回应能力和广义上的"倾听"技巧。通常，那些经历过不安全型依恋却能记住、反思并理解自己是如何因此受害的母亲，能够利用这些负面经历来增强对可能伤害或阻碍孩子的事物的认识。

心理化——即识别和反思自己及他人的想法与感受的能力——在早期学习和依恋过程中扮演着核心角色，同时它也是个人一生中不可或缺的技能。在孩子成长的任何阶段，母亲的理解、欣赏和回应都可能产生积极影响。随着我们心理化能力的提升，我们能洞察互动的复杂性，这种能力足以启动一个截然不同的育儿循环。

自我审视指南

你是否有可能让孩子重蹈你的覆辙，经历同样的困难？

如果你与母亲关系紧张，你可能会下定决心成为一个截然不同的母亲，但同时也会感到焦虑和不确定，质疑自己能否做到。此时，第一步便是深入反思自己在原生家庭中的经历。

撰写你的家庭故事

- 描述你童年时期的父母，用具体事例支撑你的描述，避免笼统概括。（例如，不要只说"一切都很糟糕"或"很正常"，而应给出具体事例。）
- 检查你的笼统描述与具体事例是否一致。

你要寻找的是笼统说法与具体记忆之间的良好契合。如果契合得好，那么你的故事很可能是连贯的，你让孩子重复自己困难经历的风险就较低。

- 请列出一份描述你与父母的关系的形容词清单，并随后列出具体的事件、行为或对话来佐证这些形容词。
- 回顾你所写的内容。你能解释为什么你的父母会那样做吗？
- 现在，请描述一下你目前与父母的关系状态。你能否观察到，这种关系随着时间的推移发生了怎样的变化呢？

- 通过尝试从不同人的视角去叙述同一事件，来检验你转换观察角度的能力。同时，要检查你所撰写的内容是否具备清晰且连贯的时间线。
- 最后，请深思你的童年经历是如何塑造你当前的行为模式的，尤其是你在身为父母时的表现。

这些问题的答案本身并不重要，重要的是你能够全身心投入思考，通过这一过程锻炼反思能力、拓展思维并修正认知。

审视你的防御机制

接下来的一步，需要你深入思考一系列常见的防御机制，并反省自己是否因习惯而不自觉地重新陷入这些机制之中。

你是否曾试图"占有"孩子的故事？

孩子们对过往经历的描述，无论是昨日之事还是数年前的回忆，都可能令父母感到惊讶。你可能会认同其中的某些细节，但面对诸多不符之处，你也可能对孩子的解释产生质疑：

- 你会简单粗暴地斥之为"胡说八道"吗?
- 还是会尝试站在孩子的角度,展现出倾听与理解的意愿?
- 你是会固执地坚信孩子的记忆有误,还是愿意质疑自己记忆的可靠性?

直接否认孩子记忆的真实性有时其实是一种掌控孩子故事的方式,这也意味着拒绝倾听。在亲密关系中,不听对方说话,不仅令人痛苦,也令人感到冒犯。

你在生气时会急于指责孩子吗?

- 情绪失控时,你是否会将爆发的怒火归咎于孩子,指责他们让你"大喊大叫"?你是否意识到,你的愤怒可能在无意中伤害着孩子?
- 你是否会觉得"他该受点儿罪",还是能看到,你的情绪反应其实源于你自己,而不是别人的过错?

当孩子犯错时,你是否将其视为性格上的根本缺陷?

- 孩子如果行为不端,你是觉得这是孩子的本性,还是将其看作一个具体的行为问题?

笼统的批评容易激发孩子深深的羞耻感,而具体的批评则常常是适宜的、具有建设性的。有时,人们会模仿自己父母当年对自己的批评方式，哪怕这些方式曾经让自己受伤、感到沮丧。你可能需要刻意培养新习惯。

面对孩子的错误，你的第一反应可能是责备，你可能会将这次的错误与过去的错误相联系，认为孩子总是缺乏判断力。你也可能会仅凭当前的激烈情绪做出反应。

但如果你能够深入观察，便能缓和自己的即时反应：你看到了孩子的错误，感到愤怒，但你可以尝试换位思考，理解孩子的观点。如此，你便能从发泄愤怒转变为思考如何有效地指出孩子行为中的具体问题。

你是否常常因批评和抱怨而怒火中烧，以至于无法冷静地评估其合理性？

- 面对孩子的抱怨或批评时，你能否保持冷静？你是会选择立即反驳，还是会选择倾听、反思和探索？
- 你能否专注于孩子所面临的问题或遭遇的挫折，而不是通过嘲笑或指责孩子来惩罚他？

尽管提出这些问题可能会让你感到不适，但如果你能反思自己的行为并留意孩子的反应，那么你很可能会摒弃那些导致你们关系紧张的防御性反应，转而采取更加有助于增进理解和关注的回应方式。

育儿初期

在育儿的早期阶段,塑造你回应孩子的方式的记忆背景往往是无意识的。这些影响可能源自你过往的照料经历或缺乏良好的育儿榜样,它们根深蒂固,但并非不可改变。如果你感到自己在婴儿时期没有得到妥善的照顾,那么这些潜在的记忆可能是你当前育儿问题的根源。因此,你可以特别注重以下几点:

- 抱着宝宝时,确保宝宝能看到你的脸,与他进行眼神交流。
- 跟随宝宝的目光,关注他的兴趣所在。
- 模仿宝宝的面部表情,与他进行互动。

如果宝宝露出笑容,你也应以笑容回应,展现你的快乐;如果宝宝哭了,你可以先静静地注视他一会儿,表达你的关心,并通过你的面部表情传递(适度控制的)不安情绪。

观察宝宝如何回应你的面部动作。

- 你还可以尝试做出一些特别的嘴部动作,观察宝宝是否会模仿你。例如,当你伸出舌头时,一个仅三周大的宝宝或许就会尽力模仿你的动作。这足以表明,宝宝是多么专注地观察着你,又多么急切地想要从你那里学习新知。

- 在抱着宝宝时,变换你的声音语调,留意宝宝是否有身体上的反应(如手臂和腿部的动作,或是目光的方向)。
- 观察宝宝注视你时的眼神。保持与宝宝的目光交流,观察宝宝的视线如何追随你。用充满爱意的眼神表达对宝宝的注意力的感激。
- 当宝宝开始烦躁不安,转头避开时,你可以中断目光交流,让他从这种令人兴奋的交流中稍作休息,并等待他给出准备好再次与你互动的信号。

如果你发现自己能自然而然地做到这一点,那么可能意味着你在婴儿时期得到了足够的关爱,尽管后来你们的亲子关系可能变得紧张。

心理化:不同年龄段的不同含义

在人生的大多数阶段,孩子都渴望得到父母的关注。他们希望被了解、被理解。在这种紧密的亲子关系中,如果父母未能"看见"、理解并倾听孩子,孩子可能会将此视为一种道德上的缺失,甚至是对亲子关系的背叛。你的孩子很可能是你学习专注力的最佳导师。然而,以下是孩子在面对难相处的父母时可能会观察到的一些常见行为。

- 当孩子谈论自己的不快时，父母选择置身事外，不予理睬。
- 告诉孩子他们的感受是错误的。
- 认为如果孩子对父母不满，那么孩子自身就有问题。
- 只看到父母希望看到的那一面。
- 认为孩子不能有与父母不同的想法和感受。
- 认为自己完全了解孩子的所思所感。
- 无视孩子传达的信息。
- 把孩子对自己的评价当作对父母的指责。

孩子要的是"真实"的父母，而非完美的父母。在这个过程中，他们难免会遇到挫折和失望。但正如精神分析学家爱丽丝·米勒所言："每个人的生命和童年都充满了挫折；我们难以想象出不同的生活；造成伤害的不是挫折本身，而是父母禁止孩子表达和诉说这种痛苦。"

第九章
复原力：克服难相处的母亲的影响力

内心的悖论

我们不仅通过内在的感觉和情绪来塑造自我意识，还通过与他人的关系来建立自我意识。母亲与孩子之间构成了所谓的"基础关系"，在这一关系中，母亲激发了我们初步的"我"与"他者"的概念。正是母亲对我们的经历和情感的好奇，让我们开始自我觉醒。与母亲长期的艰难关系很可能会影响我们如何解读自己的内心世界。

认识自我、理解自己的故事是我们幸福生活的关键所在，而理解我们与他人的重要关系也是理解自我的重要组成部分。这既是一场身体与情感的实践，也是一场智力的历练。我们对生活中重大事件的思考会引发强烈的身体感受，这些感受又进一步塑造了我们对世界的认知。当积极体验与我们的预期相符，当我们能够清晰地表达自我、理解他人，并感受到对方行为在对话中的自然融入时，我们会体验到一种完整、自信与充满活力的状态。相反，当我们无法理解至亲之人的情绪波动与难以捉摸的动机时，便会感到迷茫与困惑，在情感上仿佛置身于汹涌澎湃的海洋，无法找到方向。

孩子内心深处渴望得到母亲真挚的理解与接纳。然而，难相处的母亲往往会将孩子的经历与自我意识视为己有，通过否定、限制甚至歪曲孩子的经历来维护自己的权威。这类母亲往往不是基于孩子的意愿与能力来调整期望与要求，而是单方面地将孩子塑造成应成为的样子。于是，孩子面临着一个两难的困境：是放弃自己的声音——那个连接内心与外界的桥梁——以维系这段至关重要的关系，还是坚守自我，却不得不承受来自至亲的轻视、批评与嘲笑？

若你选择忽视自己的想法、否认自己的愿望以迎合难相处的母亲，那么你只能塑造出一个虚假的自我。而若你忠于自己的感受、想法与需求，则可能面临被剥夺与所爱之人建立真正关系的机会。

这两种选择都有致命的问题。即便你愿意放弃自己的声音以寻求和解，也无法真正逃脱这个困境的束缚。你将不得不耗费大量的心理能量来压抑自己的思想与感受。然而，被压抑的那些真实的想法与感受终将奋起反抗，寻求表达的出口，它们可能会以某种方式突破束缚。而当你试图部分地表达自己的真实想法与感受时，可能会因此受到惩罚。若无法得到所爱之人的理解与共鸣，你对自我的认知也将始终是不完整的。当你鼓起勇气开口，却遭遇不和谐的回响时，你便开始质疑自己言语的价值。

多数母亲都能顺应孩子与生俱来的对理解的渴望，她们懂得区分自己的需求与孩子的需求，通过细致的观察、耐心的倾听与积极的提问来深入理解孩子。即便在担任指导者与管教者的角色时，她们也展现出作为倾听者的细腻与专注。

在足够好的成长环境中，孩子会主动出击，引导母亲成为他们心中足够好的家长。在人生的不同阶段，孩子会运用多样的策略，以不同的方式更新母亲对他们不断变化的想法与愿望的认知。他们会竭力说服母亲，调整看待他们的视角，以及对他们未来的期许。有时，一句尖锐的"身份宣言"便足以奏效，如"那不是我的想法"或"我从小就不喜欢那样"。然而，母亲的迟钝反应或孩子自身的不确定性令孩子感到沮丧，进而可能会引发激烈的争执。调整与协商这种亲子关系是一个充满情感的过程，冲突与伤害几乎难以避免。在此过程中，可能会遭遇陷阱，甚至酿成悲剧。善意并不总能修复这段关系，深刻的误解与持久的隔阂在临床记录中比比皆是。

那些曾与难相处的母亲打交道的子女，在尝试改善与重新协商这种基础关系的过程中屡遭挫败。他们感到，自己在沟通、解释以及更新关系方面所做的种种努力，都被视为"不佳的"或"错误的"。他们描述了一位母亲，她对任何反抗其控制的举动都施以惩罚。随后，他们又被母亲自我辩解的言辞困扰，孩子的世界因此变得模糊、矛盾且多变。

在青春期，当孩子运用日益增强的辩论技巧与说服力来解释或维护自己的观点时，那些难相处的母亲往往将孩子的独立性与个性差异视为威胁。她们会惩罚、嘲笑甚至无视孩子，这样的对话最终要么陷入"死胡同"，要么完全偏离原来的轨道。孩子的话语中充满了巧妙的回避、含糊其辞的推脱以及一些荒谬的借口，他们真挚的情感表达在这样的混乱中似乎逐渐消散无踪。

难相处的母亲会掌控家庭的历史叙事，甚至篡改孩子个人的记忆。她们传递的信息常常是："你不过是个孩子，记错了很正常；要是你的记忆与我的故事有出入，那只能说明你在编造、刻意歪曲或是天马行空地想象——就像小孩子常做的那样。"在此过程中，惩罚或嘲笑给孩子造成的巨大情绪伤害往往被置若罔闻。她们还传递出另一种信息："你没有资格抱怨。"即便面对暴力或虐待事件，有时也会被她们忽视、否认或篡改。这些本应与我们产生情感共鸣的亲人，却常常对我们内心的真实感受视而不见。难相处的母亲给我们制造了一个悖论：我们与她血脉相连，却又被她无情地隔绝。

试图理解

心理学家布鲁诺·贝特尔海姆（Bruno Bettleheim）曾言，大多数事情若能理解，便能忍受。一些难相处的母亲的子女耗费了巨大心力去试图理解母亲的行为，他们苦苦思索——"她为何如此愤怒""为何我的需求总是不被重视"。

有些人会竭尽全力争取母亲的帮助，希望借此澄清自己的故事。即便已经成年，他们可能仍觉得，若得不到母亲的认同，自己的观点便似乎缺乏深度和分量。然而，从难相处的母亲那里获得认同，往往难如登天：这类母亲本质上就缺乏倾听子女情感的能力，也不愿为了孩子而改变自己的看法。当子女试图清晰、坚定地阐述自己的故事时，难相处的母亲非但不予配合，反而会固执地坚守自己的版本，将要求她更改故事视为对个人权威的挑衅。为了报复，这类母亲甚至会加剧子女的困境，让他们在渴望表达见解与需求的同时，无情地被拒之门外。

因此，许多孩子逐渐摸索出应对这一困境的策略。他们或者选择顺从母亲的观念，压抑自己的真实感受；或者选择将自己隐藏起来，表面上迎合母亲的期望，私下里则默默探索自我。还有一些孩子则能够借助其他途径建立亲密关系，以弥补"基础关系"中缺失的部分。他们有这样的感悟："妈妈或许有这样那样的要求，但我发现，我可以和别人建立起更加广泛、真诚的关系。"对他们而言，祖父母、兄弟姐妹、老师、朋友等都可能成为情感支持的源泉。即便在极其艰难的情况下，有些孩子也能吸引他人与自己建立联系。他们敏锐地察觉到哪些人可能对自己有所回应，学习如何邀请他人走进自己的生活，努力与这些人建立关系。在与他人的交往中，他们的自信心逐渐增强，这一过程的积极影响也在不断扩大。

随着孩子日渐成长，他们开始与朋友倾诉烦恼，从他人那里获得关爱，探索新的途径来验证和表达自我，并逐渐建立起理解自己和他人的自信。这样一来，难相处的关系所带来的日常困扰可能会逐渐减弱。然而，对于已经成年的孩子来说，他们很少能完全摆脱那个长久以来的两难境地和悖论。

随着时间的推移，权力的天平可能会发生倾斜。到了成年，孩子可能拥有足够的灵活性，能够走出难相处的母亲所带来的两难境地。年迈的母亲对孩子的依赖可能会让双方产生新的视角，彼此欣赏。然而，对一些人来说，这种难相处的关系却如同顽疾，毫无缓解之象。即便成年后关系有所改善，童年的挣扎依然如影随形。母亲的去世也并不一定会削弱她的影响力。虽然母亲的生命终结了，但孩子在这段基础关系中形成的思维、情感和期望的内在模式却并未随之消散。

克服难相处的母亲遗留的影响力

那么，我们究竟如何克服母亲遗留的那股强大影响力呢？

理解这段关系便是我们挣脱束缚的钥匙。当我们敞开心扉，以共情的心态拥抱过去的自己和现在的自己，并以更加宽广的视角审视，将我们的核心自我与自传式自我相匹配，便能从母亲那些混乱且不合时宜的观念中解脱出来。如此，我们才有可能从那种因无法满足母亲自相矛盾的要求而自责的痛苦中恢复过来。

以透彻的洞察力和反思力去理解，真的拥有如此强大的力量吗？

答案是肯定的。

通过深入理解童年的经历,我们可以将一段混乱的关系转变为可以反思和管理的动态关系。理解会改变我们的期望、联想和解读方式,甚至改变我们的大脑结构,包括神经元活动和突触连接层面。通过重新编织我们关于自身和人生际遇的叙事,我们能够激发新的冲动与本能反应。我们对生命的理解、反思方式,以及在时间洪流中捕捉并维持意义的能力,共同塑造了我们的思维模式。那些构成自传式自我的故事,具备重塑大脑结构的非凡力量。

故事的力量

改善个人故事的治愈潜力已得到广泛验证。斯图尔特·豪泽(Stuart Hauser)领导的一项开创性研究揭示,生活故事的复杂性和连贯性能为孩子和青少年提供有效的盾牌,抵御难相处的母亲所带来的深刻困扰与失调。

该研究聚焦于一群年轻人,他们不仅情绪低落,还表现为行为不端、无法自控、有自残或伤害他人倾向,最终因各种原因被送入精神病院的封闭病房。然而,治疗后的康复情况并不乐观:经过长达十二年的住院治疗,这六十七名患者中的五十八人仍挣扎在困顿与不幸之中。在探究这些年轻人遭遇困境的根源时,研究人员迅速锁定了一系列生活事件与人际关系问题：家庭环境混乱且充满威胁，缺乏强有力的家庭纽带以补偿不良的母子关系；缺乏有序的家庭管教，取而代之的是无尽的争执与虐待；他们所就读的学校资源匮乏，既无法激发他们的潜能，也无法对其实施有效管理；社区环境则要么支离破碎，要么充满敌意。然而，研究并未止步于对"为何这些年轻人如此痛苦"的追问，而是转向探究那九位成功康复的年轻人的秘密。他们问道："为什么其中有九个孩子能成为成功、乐观并且充满信心的成年人？"

通常，对人类行为的解读涉及家庭背景和遗传因素。这两者——后天的教养与先天的秉性——已不再被视为相互独立的因素，它们相互交织、紧密关联。环境在决定某些基因是否活跃方面起着关键作用。基因会作用于行为，而行为又会反过来影响人们如何挑选和构建自己的环境。这一被选择的环境进而激活或抑制进一步的基因表达。毫无疑问，这项研究中的每个孩子都携带着易导致心理困扰的基因，且经历了艰难的成长环境，因此，其心理上的脆弱与易抑郁状态也就不难理解。那么，为何部分孩子能够康复呢？关键在于复原力。

复原力并不意味着你将不再感受到痛苦与失望，也不代表你能彻底摆脱过往的阴影。它意味着你不再被这些困境束缚，能够避免陷入那种不断重复伤害自己、破坏人际关系的恶性循环之中。同时，复原力还意味着你能够审视自己在面对难相处的母亲时所形成的各种防御手段、妥协方式及应对策略。更为关键的是，它意味着你能够培养出更加积极的方法来管理自己的需求。

遗憾的是，尽管评估心理困扰的工具已相当丰富，但评估复原力的工具却寥寥无几。研究人员形容自己在"黑暗中摸索"，渴望找到照亮复原力之路的明灯。

为了深入探究助力这些年轻人康复的关键因素——哪些言语、行为或思维模式可能预示了他们的好转——研究人员决定启用心理学领域的传统而有效的方法：倾听。他们耐心细致地聆听康复青年的亲身经历，并将这些叙事与经历相对平常的同龄人故事进行了对比分析。这群原本坚守科学证据为尊的发展心理学家，曾对任何形式的谈话疗法抱有戒心。然而，随着时间的推移，他们逐渐认识到个人叙事是构筑与维系生命意义的重要资源和工具，能够长远地帮助我们创造和维持生命的意义。他们深入剖析了十六位青年的访谈档案（涵盖九名康复者和七名对照组成员），特别关注了在困难的家庭环境中成长、历经坎坷与挑战的年轻人如何讨论变化、人际关系及自我认知的发展。

研究人员沉浸于这些近乎案例史般的个人叙述中，尽管起初他们尚不明晰自己追寻的信息所在。在倾听的旅程中，他们捕捉到了关键的差异线索。他们发现，能够妥善处理艰难挑战的个体，在叙述人际关系故事时展现出更为丰富流畅的内容；而应对不当的年轻人，其人生叙述往往显得单调刻板。这促使研究人员提出了一系列核心问题。

- 你是否能超越一概而论，在具体情境中敏锐捕捉微妙差异？
- 你的故事是灵活开放、充满包容的，还是封闭僵化、一成不变的？
- 你是拥抱变化，还是对其持抗拒态度？
- 你能维持人际联系，还是因恐惧而拒绝交往？
- 面对情感上的巨大消耗，你能直面经历，而非含糊、逃避、困惑、转移？
- 在生活剧幕中，你是主动推动情节发展的主角，还是置身事外的旁观者？

那些在人生旅途中依旧蹒跚的青年，他们的故事结构单调、平淡且杂乱无章。他们难以转换或拓宽视角，对自身及环境的描述狭隘刻板。研究人员将他们称为"低密度叙述者"。当他们被问及为什么做某事，或者被要求描述事情不顺利时他们通常怎么做，他们的叙述往往变得模糊。对于他人的情感，他们缺乏共鸣，甚至在自己的情感世界里也显得格格不入。困惑时，他们倾向于愤怒并"大闹一场"，以此转移对无法理解之事的注意力。

相比之下，那些拥有强大复原力的青年所叙述的故事则呈现出复杂多变、鲜活生动且条理分明的特点。尽管他们的叙述起初可能并不繁复、广阔或连贯，但他们擅长调整并精炼观点。以蕾切尔为例，她起初只是平铺直叙家庭情况，后来逐渐深入到问题的核心："这大体上是家庭，但又不尽然——仿佛家庭形态的一种变体——勉强算是吧。"她进而发现了沟通的缺失："他们生气了，但如果不说出口，我真的无法洞悉他们的内心想法。他们就是会默默地生气。"皮特则尝试将他人的反应与自己的假设性认知背景相融合："如果你只在别人害怕你时才感到安全，那他们或许不愿亲近你；但如果他们对你毫无畏惧，你也可能对他们保持距离。"在十四岁那年，皮特曾有过将一把枪偷偷带到学校的举动。而如今的他，正开始反思并摒弃往昔那种认为恐吓他人能带来好处的错误观念。随着他逐渐揭开被焦虑和愤怒深深掩埋的假设，他开始探索与人相处的其他路径。

对于那些能从深度困扰中恢复过来的年轻人而言，他们的复原力并非一朝一夕能达成的，而是在不断的尝试与失败中逐渐累积起来的。在这个过程中，许多人遭遇了重重阻碍。但与那些停滞不前的人不同，这些具备复原力的人从每一次挫折中都汲取了宝贵的教训。他们掌握了日常生活中的心理学智慧：他们致力于管理自己的行为，以免将他人推开；他们尝试控制自己的情绪，并评估自己对他人的反应是否合理。最终，他们学会了如何影响自己的环境：他们能够远离充满威胁的情境，缓和紧张的对峙氛围，并对他人的积极行为给予正面的回馈。正是凭借这些能力，他们一步步构建起了具有支持性的人际关系。

无论是民间传说、小说，还是戏剧，故事都拥有一种独特而强大的力量，它们能够为我们纷繁的经历赋予秩序，开辟出新的思维领域，拓宽我们的视野。我们讲述自己生活的故事，正是自传式自我的核心内容，这些故事帮助我们管理核心自我——那个记录着每一分每一秒的经历，并赋予其深刻意义的自我。然而，真正优质的故事——那些具备连贯性、灵活性和复杂性的故事——是否能够促进成功的适应力，或者是否反映了管理逆境的能力呢？

答案无疑是肯定的：它们两者兼而有之。提高我们自我理解的质量，能够开启我们对情境、关系、目标以及人生中所有决定性元素的新视角。这些新视角进而会影响我们的回应方式。当我们能够反思自己的回应时，我们就更擅长调节情绪，更积极地表达自我，并改善我们所生活的环境。

相对的康复

在人生的旅途中，我们总是渴望理解那些对我们至关重要的人是如何对待我们的，试图将他们的行为置于共同的情境之中，去解读他们的情绪，明白他们的言行举止是如何对我们的言行举止做出回应的。倘若缺乏这种基本的一致性和连贯性，我们便如同失去了根基，感到迷茫和无所适从。我们不停地为那些无法理解或预见的事情忙碌地做准备，仿佛陷入了一种疯狂的舞蹈，在无数的束缚与反应之间挣扎，期盼着有一天能够理清并驾驭这个复杂的环境。然而，一旦无法实现这一点，我们往往会深陷羞耻感的泥潭，觉得自己理应承受他人可能施加给我们的痛苦。或许，我们会因此得出自己无力改变的结论，进而放弃了任何试图改善生活的努力。

康复是相对的，复原力是日复一日的积累，依赖于每个人特有的方式和标准。我们每个人都在不断地编织自我叙事，这是一种持续的意义建构行为，这些叙事能够成为我们复苏与成长的源泉。治愈的力量并非来自某个宣称拥有解答钥匙的专家，而是来自我们不断磨炼的反思技能，来自我们努力理解和修正自己故事的能力。任何年龄段的成年人都能够学会纠正自传中模糊与不连贯的部分，能够与他人互动，挑战并拓展理解的边界。大脑的可塑性贯穿人的一生，它始终具备学习与改变的能力。我们或许得学会正视这样一个现实，正如约翰·鲍尔比（John Bowlby）所深刻指出的："孩子在童年时期缺失的爱与关怀，是永远无法被完全填补的空白。尽管凭借理解与关爱，我们能够取得长足的进步，甚至走得极其遥远，但那份原始的感受终究难以恢复至最初的模样。"

无论我们的过往多么曲折坎坷，都无法抹去我们历史的印记。我们应当铭记过往，深刻反思，以此夯实我们的人生叙事。尽管困难依旧如影随形，但我们完全有能力挣脱其束缚。对于某些人而言，仅仅记住并理清自己的过往经历是远远不够的。他们可能会试图寻求某种途径来修复一段艰难的关系，坚信能够一劳永逸地解决这个难题。他们渴望检验自己如今是否有能力掌控那些曾经让自己手足无措的关系，他们不禁自问："我能否在母亲面前消除恐惧与焦虑？如今的我，能否勇敢地与她对抗？能否坦诚相告而不心怀畏惧？我能否坚定地表明，'这就是我，即便看到我的样子会让你不悦，我也绝不退缩'？"

日复一日，你可能会发现自己仍在苦苦追寻母亲的爱与认可。或许，你会下定决心，放弃那份根深蒂固的期待——期待有一天，母亲能给予你期盼已久的回应。你也可能不再期望这段艰难的关系会改善，要么是因为你的母亲会有所改变，要么是因为你终于能够成功赢得她的青睐。然而，前行的道路或许在于接受这样一个事实：在她面前——无论是她的真实存在，还是你内心中那个她的形象——这一困境将始终存在，但你可以选择不再满足它的条件。如此，你的精力和专注力便可以转向，从其他地方寻找快乐、满足、投入与共鸣。

在日常生活中，你或许经常会听到那种已深深扎根于心的惩罚性声音，它在耳边持续不断地怀疑你、指责你，或是严厉地对你发出警告。然而，当你暂时从这种声音中抽离出来，并将它记录下来时，你便会看清它的庐山真面目：原来，它只是过往焦虑所留下的痕迹，一份毫无实际意义的遗产。佩格·斯特里普在康复的道路上曾有过这样的反思："那个声音会以奇特而出乎意料的方式在我脑海中回荡，但它已无法再触动我的任何情绪开关。如今，我能站在她的生活立场上去理解这个声音。"即便这个惩罚性的内在声音依旧存在，我们也有办法让它变得温顺，即便它无法被彻底消除。

有时，我们会重新审视过去的批评、谴责或报复，并意识到母亲的认可并不值得我们为之牺牲一切。有时，我们也会意识到母亲已经发生了改变，或许她变得更加温和，或许她已经平息了内心的恶魔。我们逐渐发现，她已不再那么固执、控制欲强或情绪多变,但我们内心的争执却仍在继续。要想结束与她的斗争,我们必须先赢得与自己的较量。

康复意味着摆脱自我怀疑,它赋予我们一种全新而灵活的视角去看待事物。它要求我们识别在面对难相处的母亲时所使用的防御性反应和策略,并用更恰当、更具创造性的应对策略来取代这些束缚性的防御手段。最终,这场挑战并非在于解决你与母亲之间的问题,而是在于克服那些阻碍你按自己的方式蓬勃发展的习惯性的、基于恐惧的思维模式。

对于难相处的母亲的经历以及康复的可能性,我们还有一个关键点需要理解:你之所以会把母亲看作一个难相处的人,并对她的情绪、不满、批评或冷漠特别敏感,可能是因为你遗传了对困难境遇的脆弱性。然而,我们必须铭记的是,那些被称为"抑郁风险"的基因也被赋予了"兰花基因"的美称,因其细腻且高度敏感的特质。一些孩子如同坚韧不拔的蒲公英,能在逆境中茁壮成长;而另一些孩子则如同兰花般娇嫩,容易受困于挑战,可能会因此陷入抑郁的泥潭,或是发展成依赖与自我挫败的成瘾行为,甚至因愤怒而变得具有攻击性。这个特定的基因使我们的杏仁核(即大脑中负责快速反应的恐惧中枢)过度活跃,使我们对他人的反应异常敏感。但与此同时,它也为我们带来了在广泛学习领域中的独特优势。我们可能更擅长捕捉他人的反应和情绪，敏锐地感受到语言和肢体动作中的情感温度。那些让你易受母亲缺点影响的特质，或许正是激发你的创造力、提升你的反思能力，并最终塑造你的复原力的关键所在。

真正的解脱源于接受一个事实：并非母亲在操控我们在与她相处中可能学到的恐惧、疑虑和不满。解脱来自我们放弃与她争斗以获取认可、接纳或赞赏的冲动。这是一种觉醒，即我们的斗争不再是与母亲及自我之间的斗争，而是与塑造我们的历史以及我们可能成就的更美好的自我之间的斗争。

继续进行情感审视

继续进行情感审视的过程意义重大：理解我们为何觉得母亲难相处，以及这些经历如何塑造我们，将助力我们重塑大脑。当我们深入提炼并反思自己及他人最深处的情感和固有假设时，实际上是在重塑自己的思维方式。旧有的习惯或许难以改变，但大脑却保持着活跃与可塑性。换言之，我们总能学会新的应对挑战的方法。以下是一些旨在锻炼复原力的问题，可供参考。

请列出你认为由难相处的母亲所带来的感受、假设和行为。

针对你列出的每一种感受、假设和行为，深入思考你可以采取哪些措施来改变它们。理解——即认识到与母亲相处时的艰难经历是如何引发这些自我挫败的感受、假设和行为的——仅仅是迈向复原力的第一步。关键在于："你如何在自己的生活中发挥积极作用？"

对你的自传式自我进行健康检查。

- 列出与母亲的典型互动场景，尤其要注意那些以"她总是……"和"她从不……"开头的描述。但要警惕这些过于绝对化的语言，因为人际关系中很少有"总是"或"从不"这样绝对的情况。
- 你能否给出具体例子来支撑你使用的泛泛之词？
- 检查你的泛泛之词与你提供的具体事件和例子是否吻合。
- 如果吻合，那么你的故事很可能是连贯的，你重演自己艰难经历的风险较低。
- 测试你转换视角的能力。你能否从不同角度看待同一件事？检查你所写的内容是否有一个清晰且一致的时间线。
- 当别人的行为或你自己的感受让你困惑时，试着注意你的反应。

你是否急于责怪他人？

你是否会生气？

你是否会对自己大发雷霆？

面对指责，你是否会陷入焦虑或愤怒的漩涡难以自拔？

- 识别出你真正焦虑或愤怒的原因，并向自己剖析这些感受。你是否对社交场合的尴尬反应过度？

  试着向自己解释你真正担忧的是什么结果。并评估这种恐惧或尴尬是否基于现实。

- 你是否仍然希望解决这个困境？

  尽管你可能深知自己永远无法完全满足母亲的期望，但你仍会发现自己内心深处希望有那么一次能成为她心目中的理想模样，从而获得满足感和安全感。基于你的了解，请深思熟虑并权衡这是否有意义。如果并无意义，那么思考一下，如何在无法获得长久以来所渴望的她的回应的情况下继续前行。你还可以从哪些途径获得认可、理解和共鸣？

- 在你继续努力改变这段艰难的关系之前，问问自己：

  你能否放下这个幻想：只要我满足母亲的期望、需求或标准，我们之间的一切都会好起来？

  你能否找到一种爱她的方式，而又不让自己觉得自己是个失败者或让她失望的人？

你能否接受母亲并不愿意了解你的事实？或者，当她未能给予你期待的回应时，你是否仍然会感到难以承受的失望？

- 最后，请将注意力聚焦于你从与母亲那段艰难关系中所获得的教益，以及你在应对这段关系时逐渐练就的能力。

你能否看到与母亲关系中的某些积极面？

想象一下，若你放下对母亲的愤怒，那将会是一种怎样的心境？

这会不会让你感到一丝奇异？

若真如此，不妨探寻一下这份奇异感的源头。

- 你是否感到空虚，仿佛放弃了自己身份中至关重要的一部分？
- 你是否觉得自己暴露无遗，仿佛先前的愤怒一直在为你抵御失望或新怒火带来的猛然一击？

辨识不同的情感或许需要一些时间。

- 试着将你的痛苦与怨恨剥离开来。诚然，承认你所感受到的痛苦并理解其根源或产生的情境至关重要，但它无须继续左右你与母亲之间的关系。

- 试着用全新的视角去审视那些熟悉的行为。曾几何时，母亲的愤怒、控制欲、自恋、嫉妒或情感缺席深深刺痛了你的内心，因为她的回应曾是你的精神支柱。现在，你已找到了通往和谐人际关系的独立之路，她的问题便不再那么重要，其影响力也大打折扣。

一个难相处的母亲可能会让你陷入两难境地："要么不惜一切代价满足我的需求、期望和要求，要么就承受我的冷漠、指责、操纵或嘲笑。"但你可以鼓起勇气，汲取力量，勇敢地说出："我觉得你的冷漠、指责、操纵或嘲笑令人不悦，但这些并不会改变我的本质，更不会将我击垮。如今，我已能洞悉它们的真实面目。我会与你保持关系，但我不会遵守你试图强加给我的条件。"

当我们终于抵达这一境界时，一切似乎都显得如此显而易见。然而，通往这一终点的道路往往并不平坦。在起点时，我们也无法预见终点。我们必须拥有新的视野，才能将终点纳入我们的视线。每个人都要寻觅属于自己的道路，尽管在这条路上，许多人之前或之后都曾经历过类似的挣扎。没有人能替我们走完这段旅程，没有人能为我们免除痛苦。但分享他人旅程中的共通之处，或许能为我们提供前行的指引。

致　谢

　　本书的创意源自我为《今日心理学》杂志撰写的一篇文章。在搜集资料与撰写文章的过程中，我意识到，这个主题我已探索了数十年之久。它一直徘徊在我的写作边缘，是我一度试图回避的话题，直到编辑卡琳·弗洛拉（Carlin Flora）和哈拉·埃斯特罗夫·马拉诺（Hara Estroff Marano）鼓励我直面它。我衷心感谢那些就这篇文章与我联系的人，他们向我解释了文章对他们的意义，并通过进一步的提问推动了我的研究。然而，距离这个主题最终成型为一本书，还有一段时间。在此过程中，我与同事们的交流与辩论给予了我莫大的帮助，尤其是鲁瑟伦·乔塞尔森（Ruthellen Josselson）和珍妮特·赖布斯坦（Janet Reibstein）。朱莉娅·纽贝里（Julia Newbery）在安娜·弗洛伊德中心（the Anna Freud Center）从事母亲与婴儿研究项目的热情，为我深入了解母亲在大脑发育中的作用的最新研究成果提供了关键性引导。卡罗尔·吉利根

（Carol Gilligan）对本书的审阅，在提炼这一高度敏感话题的主题与变体方面，给予了我极大的帮助。苏珊·高伦博克（Susan Golombok）表达的兴趣，也帮助我坚定了对这一项目的信念。

从项目开始到结束，我的经纪人梅格·鲁利（Meg Ruley）始终为我提供了至关重要的热情与支持。我的编辑吉尔·比亚洛斯基（Jill Bialosky），凭借其敏锐的洞察力，在本书较为松散的初稿中提取出紧凑的结构。她挑剔的眼光使我更加专注，也提醒了我能拥有她这样一位编辑是何等的幸运。

一如既往，参与我研究的被试者们是必不可少的合作者。他们毫不吝惜地投入时间与精力，我对他们的感激之情无以言表。